商業思維

游舒帆 Gipi

BUSINESS THINKING

| 推薦序1 | 打破本位主義，同心協力目標一致

文／台灣敏捷協會理事長、新加坡商鈦坦科技（Titansoft）戰略顧問

林裕丞（Yves Lin）

「不管看起來是什麼問題，永遠都是人的問題。」

（No matter how it looks at first, it's always a people problem.）

——軟體管理學大師 傑拉爾德・溫伯格

（Gerald M. "Jerry" Weinberg）

在組織中如何讓每個人和每個部門打破本位主義，同心協力往同一個目標一起前進是最困難的事情。而 Gipi 在本書提供的方法，讓來自各個專業、各個層級的人都具有共通的語言（營運數字），都可以聚焦於共同的目標（公司獲利）。

如果您是專案經理、產品經理、或產品負責人，本書可以幫助您的工作事半功倍，讓老闆看到也對您的貢獻有感。

如果您是來自工程、技術、客服、甚至後勤等等非第一線銷售的單位，本書可以幫助您的工作和公司業績掛鉤，讓您在老闆的心中從一個成本單位成為利潤單位，不會整天被抱怨只會花錢。

如果您是來自銷售或行銷部門，本書可以幫助您和其他的部門單位溝通，讓他們可以優先配合您認爲重要的事項。

　　如果您就是老闆或主管，本書可以幫助您判斷每個產品、專案、部門對公司所產生的價值，把錢、資源、和時間投入在刀口上賺更多錢。

　　我最敬佩 Gipi 之處，是他在人生職涯的選擇上堅持跨領域探索發展，在過去的工作中不但斜槓了技術、營運、行銷、業務各個功能領域，在全職擔任顧問時也堅持同一個產業不幫兩家公司做顧問，所顧問的公司跨足了企業資訊整合、線上教育、健康保健等等不同的產業領域。

　　也只有在多個領域深入耕耘的 Gipi，才能歸納總結出這個跨功能、跨層級、跨產業的共通語言：**商業思維**。

　　謹將本書推薦給所有想讓自己更有價值的讀者朋友們。

| 推薦序2 | 改變業績管理方式，盤點資源掌握可控性

有句台灣俗諺說：「狀元囝好生，生意囝歹生。」似乎會不會「做生意」、有沒有「商業 sense」是天生的，難以透過後天的學習和努力來精進，真的是這樣嗎？

答案也許見仁見智，但我相信不論是在職場上孜孜矻矻的上班族，或是不分晝夜勞心勞力的創業者，無不希望能夠增加自己的商業思維，藉此在所屬領域中更上一層樓。

然而最怕的是付出了許多努力，卻因為方向錯誤、方法不對而事倍功半，甚至就此覺得自己不是這塊料而放棄。

所幸，本書為有志於精進商業思維的讀者們，確立了一個非常清晰明確的架構——即分為數據力、運營力、策略力、敏捷力，並針對四大領域進行完整的分析，一方面拆解成一個個細部環節來說明，一方面又統合建構出許多適合實務操作的模型。

更難得的是，其中所舉案例和對話都非常貼近現實，不會流於教科書式的樣板，而是商場上真的可能出現的狀況，作者也藉此再次論證其觀點，讓讀者可以透過深入淺出的引導，逐漸掌握要領，進而察覺自己的弱項、有意識地去強化。

我個人建議大家先從「敏捷力」（p.199）開始，因爲這可能會顛覆你原本的思考模式；打分數式的傳統教育會讓我們覺得，爲了拿到很高的分數（目標），必須制定縝密的計畫、把失誤的可能性降到最低之後才能行動。

但是，眞實世界中的商機往往稍縱即逝，在無法掌握全面資訊的情況下就要做出判斷，才能搶占先機，並且在趨勢上揚時占據更好的位置。

因此，敏捷力所強調的是，在已知的部分中找尋最有價值的事情儘快開始，用小步快跑的方式進行，再根據新得到的資訊和成果，持續不斷優化和推進。

身爲企業經營者，書中還有一段令我非常認同：**作者建議所有企業都應該改變業績管理的方式，不再單純用過去推估未來，而是盤點資源後優先掌握內部可控的部分（例如舊客與手邊既有的名單、自然流量），同時降低對外部不可控資源的依賴性（例如廣告等付費流量）。**

在日漸嚴峻的經濟環境下，這樣的方式確實有助於企業跳脫舊有思維，調整爲更適合現今商業環境的體質。作者的論述也印證了這一年來，我與團隊花費許多心思和時間來建構串連線上和線下的 CRM 系統，確實是走在正確的道路上。

最後想跟各位讀者互勉，這本書也許第一次閱讀時不易完全理解，但當你實際試行並反覆閱讀思考，努力找出最適合自己的模式，就會像一步步掌握各大要穴般，融會貫通之時便是打通任督二脈之時，將能站在完全不同的高度俯瞰商場脈動。

這是一本操作性極高的商管書

文／「大人學」共同創辦人　**姚詩豪**（Bryan）

我認為這是一本「可操作性」極高的商管書！

如果把經營事業比喻成做料理，市面上談商業思維的書籍比較像是營養學，而本書則更像是食譜。

營養學是門學問沒錯，但唯有食譜才能告訴我們這道菜究竟該如何做對，如何做好！

Gipi工程師與PM的專業背景，加上後來的經營與顧問資歷，讓他談起商業運作架構清晰，具體落地。

我強烈推薦給真心想「做」好管理而不僅是「說」好管理的專業工作者，尤其推薦給技術背景的讀者，本書絕對是轉進管理職的絕佳參考！

一本讓工作者價值最大化的商業科普書

在我 2015 年暫別職場的那幾個月，我參與了幾間公司的日常運作，過程中我與大家交流了許多過往的經驗與管理觀念，在一次的會議後，該公司的總經理問我：「Gipi，你談的這些觀念很新穎，要不要整理成課程或寫一本書啊？」。

坦白說，這是我第一次思考這個問題，因為我所談論的內容都是過去這幾年帶領團隊時不斷灌輸給成員們的觀念，**我總希望大家能用更積極、正確的方式來做事，不要只懂得接受指令做事，而是要去了解工作背後的「為什麼」，知道為何而戰，與他人的目標才會一致，而做起事來，內心也會更加篤定。**

對方這個問題，如星星之火，點燃了我對這個議題的熱血，我開始構思如何結構化地將過往的管理經驗寫下來，一開始感覺困難重重，因為東西實在太多太雜，難以收斂，經過幾個禮拜的撞牆期，我試著回到我管理時的核心思維——價值極大化。

價值極大化，包含企業價值以及員工價值極大化，當每位員工都能創造最大的價值，企業的整體價值必然也是最大的，兩者之間具有極強的正相關，彼此相輔相成，而非互相

衝突。接著，我開始反思我最常與團隊討論的那些問題，並從中萃取出最核心的幾個關鍵知識。

而溝通，毫無疑問的排名第一，與高階主管、橫向部門間的溝通是多數職場工作者最頭痛的問題，在處理溝通問題時，常見的建議不外乎換位思考與學習人際溝通技巧，然而在我過去的經驗中我認為光這兩項尚有不足，我認為缺乏共通的語言才是跨部門、跨位階溝通時最大的問題。

我說的你聽不懂，你說的我掌握不到重點，即便我有心想聽，我們之間仍難以有效溝通，但什麼才是工作場合中跨部門、跨位階的共通語言呢？正是「**商業**」，若大家都用商業語言溝通，著眼於商業的目標，那溝通的效率將會大幅改善，公司推進的速度也會更快。

商業思維，是我萃取多年管理經驗後整理出來的知識結晶，內容遍及了公司經營的大小事，這本書或許無法涵蓋經營管理的浩瀚知識，但做為所有職場工作者的「商業入門書」我想是非常恰當的。

「為什麼我們都該學商業知識？這不是老闆或高階主管才要學的嗎？」

這個問題過往曾有很多人問過我，我認為所有人都該學的原因有三：

第一，提高溝通效率。公司內跨部門、跨位階的溝通問題往往源自於缺乏共通的目標與語言，而商業正是工作場合的共通語言，若大家都用商業語言溝通，著眼於商業目標，那溝通的效率將會大幅改善，公司推進的速度也會更快。

第二，讓所有人聚焦於重要目標。企業存在的目的在於創造價值，而搞懂商業的運作原理，並思考自己所做的每件事與公司營運成果之間的關聯，這除了能確保個人工作方向與公司的方向一致外，也讓我們更清楚到底為何而戰，清楚為何而戰的員工，戰力與應變能力相對較強。

　　第三，未來的分工將被重塑。隨著科技的進步，競爭全球化，包含打車、汽車、零售、金融等行業都陸續面臨顛覆式的創新，接下來的 10 年，這股顛覆浪潮只會持續加劇而不會停止，企業必須更敏捷，具有更強的能力來回應外部挑戰。要加快回應速度，企業不得不重新思考分工方式與組織架構，而具備商業思維的專家式通才，正是在這波浪潮下最關鍵的整合式人才。

　　讀懂商業，你會更清楚企業運作的原理，也會更加了解主管、老闆在想些什麼，同時也會提升換位思考能力，強化你與橫向部門間的溝通，讓你成為公司內炙手可熱的人才。

　　我花了約兩個月左右的時間整理完商業思維的四大要素：數據力、運營力、策略力與敏捷力，我將每個要素都規劃成一整天的課程，在過去一年多的時間裡，已有超過300位中小企業老闆、企業經理人與各領域的資深工作者上過這堂課，在過程中我持續汲取大家的回饋並優化課程內容，並納入更多他人實踐的案例。

2018年底，我用兩個月左右的時間，完成了本書的寫作，我期望這本書能成為一本商業的科普書籍，讓更多人讀懂商業，改善職場人與人之間的溝通，並進一步讓更多職場工作者最大化個人的價值，若對本書的內容有任何建議，也請大家不吝給予回饋，謝謝大家。

目錄 · CONTENTS

|前言| 專家式通才是未來所需人才

　　這些年來，我與各種不同領域、位階、背景、行業的人頻繁溝通，也參與過上千個專案，我體認到一件事情能否高效完成，仰賴的就是溝通，尤其是跨部門、跨專業背景、跨公司、跨國的專案，溝通的重要性更是不言而喻。

　　溝通，占據了工作中大半時間，大家都理解溝通的重要性，如果能提升溝通效率，企業的生產力一定會大幅提升，尤其在現在這個多變的商業環境內，組織溝通與應變的效率已經成了生存關鍵。

　　然而這麼多年來，大型組織始終存在大量的溝通問題，而我們上了那麼多提升溝通技巧的課程，問題卻始終存在。我開始反思，會不會我們都想錯了？在商業場合溝通，除了溝通技巧外，是否還有其他關鍵因素影響著我們？近幾年的工作中，我試圖去找尋商業溝通的根本問題，最後我發現核心問題是：**多數人缺乏與不同工作背景之人的溝通能力。**

　　做業務的，不會理解研發，做研發的，也不會理解業務，彼此之間總有許多誤解與糾葛；基層員工不理解主管，主管不理解老闆，老闆更不明白為何員工總是與他對立，彼此間的壁壘愈來愈大，在解決問題與確認需求時，往往需要經過多次修改、討價還價，才能產生一個雙方可接受的版

本，最後心不甘情不願地妥協。

其實雙方的角度（老闆 vs. 員工、業務 vs. 研發）、知識領域（銷售、技術）、承受的壓力（業績、專案）本來就不同，考量點本來就很難完全一致。我原先認為這是一種很自然的現象，然而近幾年商業環境演變太快，以年或季為單位的計畫已經難以因應變化，為了讓決策更高效、降低專案做錯重來的機率，也為了讓公司整體的業績能一路倍增，我興起了念頭，想從根本來解決溝通問題。

我反思，在溝通時，我們都清楚傾聽、同理心與換位思考的重要性，但真正做好這幾件事的人卻少之又少。歸根究柢，我認為要具備同理心與換位思考能力的前提是「**我能感受對方的處境**」。除了明白他所面對的狀況外，更需要了解他在意些什麼、困擾些什麼、希望獲得什麼、想要逃避什麼等，如此我才能真正感受與同理對方當下的所思所想。

因此，我先把公司內人與人溝通中出現落差的常見原因，初步分成於兩個層面（見下頁圖 1-1）。

一個是**組織位階**的差異。愈高層的老闆，思維通常愈偏向策略與經營導向，而愈基層的員工，思維通常愈偏向執行與作業。

一個則是**專業領域**的差異，像是業務部、行銷部、客服部等功能部門，通常著眼於解決達成業績、面對客戶時所遭遇的問題，並依此提出他們的需求，而這些需求多半是單一功能；但是接收需求的研發部門，則會希望找到問題的共通點，並系統化、根本性地解決問題，往往與功能部門注重的

面向，形成一種極端。

舉一個實際案例來說，如下頁圖1-2，如果工程師John跟業務經理May在溝通一個需求，兩人之間在組織位階與工作職能上，就有明顯的差距，遭遇銷售問題時，業務經理考量的是如何改進業務管理制度，而工程師思考的則是在技術上如何排除這個問題，並避免再次發生。兩者的角度都沒有錯，但思路不同，解法不同，所需的時間不同，結果也因此不同，彼此的溝通缺乏效率。

即便是隸屬同一研發部門的工程師與高階主管間，一樣

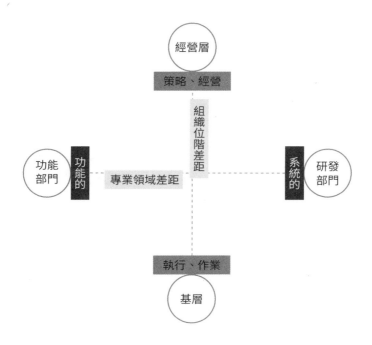

1-1　企業內兩種常見的溝通落差

存在組織位階差距，以及相對較小的工作職能差距，請參閱下頁圖1-3。畢竟高階主管偏管理，也不是太熟悉目前的技術，彼此間仍存在一定的專業領域差距。

組織位階與專業領域的差距，導致雙方無法在相同的立足點上思考，換位思考的重要性大家都了解，但要真正做到換位思考到底有哪些關鍵呢？

第一，軟技能，例如傾聽、提問、感受、不批評等，這些也是過去我們在學習同理心與換位思考時一定會提及的，軟技能在多數時候都很重要。

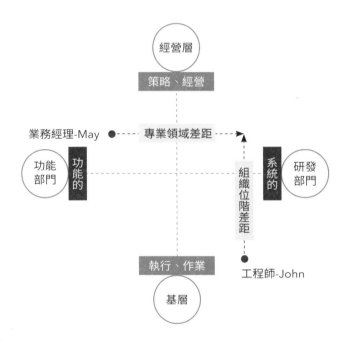

1-2　工程師與業務經理間的溝通落差

第二，經驗，當你具有跟對方相同的經驗時，你會更容易理解對方的處境，通常也會更具有同理心，所以相同部門的人比較不吵架，相同職能的人也比較少針鋒相對，這是因為彼此的經驗雷同，較能互相包容。

　　除此之外，還有什麼？我認為是「**知識**」。

　　舉個多年前的經驗，年輕時我在火車或高鐵上，聽到小孩子大吵大鬧，若經過十到二十分鐘孩子的父母仍無法將小孩安撫好，我會覺得這對父母很有問題，放任孩子一直哭鬧

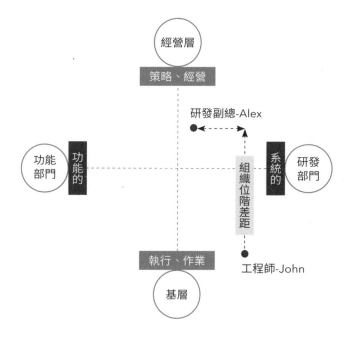

1-3　工程師與研發副總間的溝通落差

而不處理，處理小孩的情緒有那麼困難嗎？

有一次我甚至在社群媒體上貼文抱怨這件事，結果有個同學來留言：「等你有小孩你就知道了。」當時我還不以為意，直到我真的當爸爸，才知道這件事的確有難度，是我想的太天真了。在這個案例中，因為我沒有類似的經驗，因此我難以換位思考父母親的處境。

而我相信每個爸爸在小孩出生前，肯定都看過育兒手冊或資料，知道小孩子是怎麼一回事，包含怎麼互動、教養、照顧生活起居等，當你開始學習這些知識時，**你其實正在理解這個你未曾扮演過的角色——爸爸**，而這些知識，就是帶你進入爸爸領域的關鍵，在還沒真正當爸爸前，你已經對爸爸這個角色有了初步了解。

這意味著，**我們可以透過學習，來取得我們對某個角色的認知，進而填補了經驗不足的問題。**

有了這個啟發後，我開始回想過往我是如何與我的恩師們溝通，他們在企業管理的經驗都比我豐富太多太多，但我是如何從一開始聽的很模糊，到後來聽懂，漸漸的有能力可以討論，最後還能提出反證或其他觀點？我發現正是學習。我每一年閱讀的商管類書籍超過百本，經驗需要時間累積，但有目的性的汲取知識則可大幅加快這個過程。

而在企業中，與不同位階、職稱、部門的人之間，除了不斷磨練自己溝通的軟技能，藉由累積經驗來提升自己的思維能力外，還有什麼知識是我們應該學習的？

我的答案是「商業」知識，商業是公司內所有人都該學

習與關注的，基本上公司內溝通的邏輯大多圍繞著商業。但商業這領域涉及的知識多到不行，從學生時代到現在，我大約接觸了二十年的商業知識，我仍覺有所不足。若要讓所有員工將商業知識學好學滿，似乎也不切實際，因此近幾年我開始萃取了一些商業關鍵知識，並一點一滴的傳遞給員工們。

這些商業的關鍵知識，我稱之為「商業思維」，所謂的**商業思維就是做生意的思維，一間企業之所以存在，必然有它要創造的價值或商業目的，而圍繞著這些商業目的而衍生的知識與思維模式就是商業思維。**

商業思維的基本概念，是要讓員工更熟悉公司運作、企業經營的本質，以及公司策略，藉此弭平基層與經營層之間因為組織位階造成的差距；同時也讓同仁跨越部門的邊界，更深入接觸其他部門，包含流程、制度、日常工作，甚至開始要求他們學習企業經營所需的業務、行銷與服務相關的知識，藉此縮短彼此的專業領域差距。

專家式通才，意味著有一門非常專精的技能，同時也廣泛涉獵其他領域。我認為未來所有的職場工作者都應該這麼定位自己，如果你只懂一項專業，對其他領域一竅不通，你思考的角度會被限縮，也會降低你與他人溝通的效率，而「商業思維」便是在商業場合中最關鍵的通用性知識。

日本稻盛和夫在京瓷公司（KYOCERA）推動的阿米巴經營，用獨立核算單元的方式讓所有員工都具備經營思維；巴西塞式企業（Semco）推動了自組織經營，所有員工自行決定薪酬、上班時間與績效，讓員工對自己的成果負責；美

國 Netflix 要求所有員工必須要了解公司經營的大小事，要能清楚說明每個專案的價值，以及為何而做；大陸公司海爾電器（Haier），從2005年開始推行「人單合一」模式，強調每個員工都應該要直接面對客戶，創造客戶價值，並從客戶的反饋來決定你的薪酬與獎金。

這幾家先驅企業運用了不同管理方式，但都在經營上獲得了重大的成果，中間有幾個很關鍵的共通點：

❶ 所有員工都具備商業經營觀念，溝通相對高效，而清楚狀況的員工，更願意為自己、為團隊、為公司負責。

❷ 當員工的投入意願高，工作動力也會增強，同時會凝聚高度的使命感與熱情。

❸ 有使命感與熱情的員工，催生了良好的績效。

而所謂的商業經營觀念，就是本書要跟大家探討的商業思維，期許各位讀者在看完本書後，能建立起良好的商業思維，並透過不斷練習，讓你進一步掌握商業的運作原理，有效改善你對上、橫向，以及對外的溝通狀況，讓你的職涯發展更加順暢，接著，就讓我帶領各位一同領略商業思維的奧妙之處。

經營的本質

長期的盈利能力

商業思維就是做生意的思維，而做生意便意味著與客戶間建立起商業關係，談論商業，我們便非得先談談經營的本質。

日本經營之神松下幸之助曾說：「你不賺錢，是對社會的罪惡，因為我們拿社會的資金，取社會的人才，沒有充足的盈餘，我們在浪費社會可貴資源，這些資源可以在別處更有效地運用。」這是否意味著，賺錢就是企業經營的本質呢？

在我們下結論前，先讓我們看一個特別的案例：亞馬遜，這家美國科技巨頭在2018年9月時，成為繼蘋果公司之後，史上第二家市值破兆美元的上市公司，但翻開亞馬遜歷年的財報，你會發現這是一家營收很高，但利潤極低的公司，甚至有好幾年都是虧損狀態，難道亞馬遜的經營目標不是為了賺錢嗎？

亞馬遜利潤這麼差，但股價卻不斷翻漲，連巴菲特都曾承認看走眼了，這其中的奧妙之處，或許可從亞馬遜的CEO貝佐斯（Jeff Bezos）在2004年度致股東的信中所述窺知一二，信中貝佐斯提到：「衡量亞馬遜的最終財務指標，也是長期以來我們最想推動的，是**每股自由現金流**，而非營收或利潤。」。

從很多探討亞馬遜的書或文章中都可以看到，貝佐斯並不是那麼重視短期盈利，他會將亞馬遜多數的年度盈餘繼續投入到下個年度的研發與營運中。**相較於利潤，他更重視現金的支配能力**，對現金的支配能力讓他可以自由選擇要將資金投入在什麼地方，而他總是選擇投入在長期盈利事項，而

非將年度利潤直接分紅給股東，換言之，相較於短期的利潤變現，他更重視公司的**長期盈利能力**。

綜合松下幸之助與貝佐斯的經營觀點，我認為**企業在經營時看重的是盈利，尤其是長期的盈利能力**。

然而，我們也清楚公司存在的目的不僅僅是為了賺錢，而是有更遠大的使命存在，例如Google的使命是「匯整全球資訊，供大眾使用，使人人受惠」；阿里巴巴的使命是「讓天下沒有難做的生意」，使命才是企業追求的終極目標。

然而，若沒有充足的資金來支撐，企業也無法走那麼遠。因此，企業必須擁有盈利能力與足夠的自由現金，才有本錢達成使命。**使命是目標，盈利與現金則是手段**，兩者都很重要。

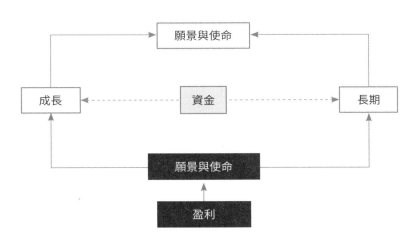

1-4　企業盈利與願景、使命間的關係

上頁這張圖1-4，可以協助我們掌握此觀念，當企業盈利時，這些資金將被用在持續成長（例如擴張市場）或投資在能創造長期利潤的事項（例如研發）上。

　　而能協助企業成長的還有外部的資本力量，若能有效的引入外部資金，將能大幅加快成長速度，舉凡Uber、滴滴、Facebook等企業，在未找到合適的盈利模式前，成長大多仰賴外部資金的挹注。當企業能持續成長，且持續創造長期利潤，便能一步步往企業的願景與使命邁進。

01 掌握創造收入的脈絡是盈利關鍵

　　企業經營的本質是透過長期盈利來實現企業的願景與使命，我們了解盈利的重要性，但是，企業是如何盈利的呢？

　　首先，我們可以從財務觀點來看這個問題，企業能盈利意味著經營上有利潤，而利潤則與收入、成本有關，當收入高於成本，企業便能盈利，而利潤的多少，則看各公司的**利潤結構**而定，利潤結構很大一部分依託於**行業與商業模式**，相關的概念可以參閱下圖 1-5。

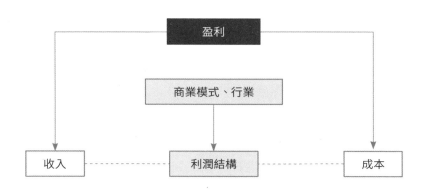

1-5　企業盈利結構一

關於行業，其實有兩個概念，一個是**業種**，或稱**行業種類**，指的是軟體、食品、醫療、資訊業等，多數時候我們談論的行業，大多是偏重在業種上，但有時你也會聽到製造、貿易、零售業這樣的說詞，其實這指的是**業態**，或稱**行業型態**。典型的行業型態有兩大類：即製造跟流通，製造負責生產，流通負責將貨品的流動。行業的選定，通常會直接決定公司的利潤結構，這一段我們將在第二章與大家做深入說明。

而商業模式，簡單的說便是公司如何提供價值？包含產品、通路、客戶、合作夥伴等綜合因素，而商業模式的設計通常直接影響了利潤結構與現金周轉，商業模式的議題，我們在後頭會陸續以案例提及。

當我們純從數字表現上來檢視一家公司的盈利能力與經營狀況時，可以先看兩個最關鍵的數字——**收入與成本**。

公司收入多少錢？又支出多少錢？當收入大於支出時，企業便處於盈利狀態，要讓利潤極大化，要不就是增加收入，要不就減少支出，這簡單的數學題我想大家都懂。

但若要增加收入與減少支出，我們需要進一步思考兩個問題：

❶ 公司的收入怎麼來的？

❷ 主要的支出又花在哪？

當我們談收入時，**客户、產品與通路**的觀念是關鍵，我們可以參閱右頁圖1-6。

主要銷售對象是誰？→這個問題可以協助我們掌握公司的主力客群。

　　新舊客比例分別是多少？→這個問題則協助我們掌握公司的客戶維繫狀況。

　　產品的銷售狀況如何？→這個問題可協助我們掌握公司的主力產品。

　　通路的銷售狀況如何？→這個問題可協助我們掌握公司的主要通路布局。

　　當我們知道收入主要與客戶、產品與通路相關，這意味著我們掌握了**創造收入的脈絡**（Context），而掌握具體數據，則讓我們進一步了解公司的現況，到此，我們對於公司的收入來源有了一定的把握。

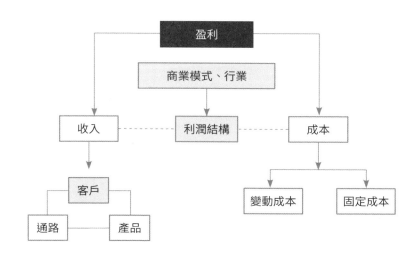

1-6　企業盈利結構二

在談成本時，有兩個名詞很重要——**變動成本與固定成本**。變動成本與固定成本呈現出來的是利潤結構，可以看出一家公司經營的毛利與淨利。當你知道公司的變動成本都花在哪？固定成本又花在哪？分別占有的比例是多少時，你便能把握公司的成本支出狀況。請見下圖1-7。

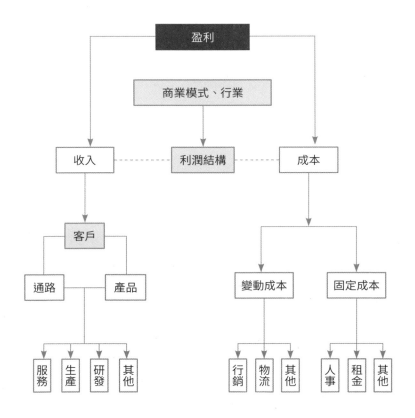

1-7　企業盈利結構三

若進一步再往下展開，我們便清楚服務何重要？因為服務是圍繞著客戶而生，提高服務滿意度，有助於提高客戶的穩定性，因此從積極的角度來看，做好服務，實際還是可以為公司的盈利有所助益。

　　從盈利起頭，往下拆解影響盈利的關鍵數據，一層層往下將數據的脈絡展開來，並了解每個數據的意義，便能很快地掌握了公司管理的脈絡，而具體的數據，則有助於了解現況。

　　進一步的數據概念將在第2章數據力的部分有更深入說明。

02 客戶營運即獲取、激活、留存、轉化客戶

　　當我們知道利潤、收入、成本、產品、客戶與通路這些東西是企業經營的重點，也透過數據的取得掌握了現況，接著，我們要進一步了解公司為了達成各項數據而做的各種工作，例如為了有收入，需要有產品、通路，並將產品銷售給客戶；有客戶，就要有人服務客戶；為了有效發展通路，就需要有人進行通路規劃與洽談商業合作；有人才需求，就需要有人負責招募工作，企業為了經營管理所需而衍生的工作，統稱**運營**（Operation）。

　　運營涵蓋的面向極為廣泛，一本書的篇幅基本上無法全部談完，因此本書我會先聚焦在創造收入這條脈絡上，並且以**客戶運營**（Customer operation）為核心，跟大家探討運營的觀念。

　　客戶運營，探討的其實是公司如何獲取、激活、留存、轉化客戶，進而讓客戶產生推薦行為，這便是所謂的客戶生命週期（如圖1-8），不管你從行銷的角度，用 AISAS 模型【註一】，或行銷4.0的5A模型【註二】，或者成長駭客模型的 AARRR 漏斗觀念【註三】來談客戶運營工作，核心觀念都圍繞著以下兩件事：

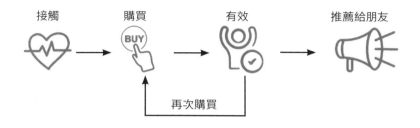

接觸　　　　購買　　　　有效　　　　推薦給朋友

再次購買

1-8　客戶生命週期

❶ 如何接觸客戶，並讓客戶購買我們的商品或服務？

　　為此，我們必須要了解公司是透過什麼方式接觸客戶的？是直銷、經銷、代銷或透過其他通路？是面銷、電銷、電商或其他銷售手法？有多少種接觸客戶的通路？我們又做了哪些事，讓客戶花錢消費了我們的產品或服務。

❷ 如何服務好客戶，確保他能獲得良好的體驗，並繼續消費或產生推薦行為？

　　我們如何服務我們的客戶？又是如何確保客戶對產品有好的滿意度？我們如何跟客戶保持緊密聯繫？又是如何讓客戶願意持續付費購買我們的產品？我們做了哪些事，讓客戶留下來消費更多，並且把我推薦給其他人，讓更多人成為我們的客戶？

　　要回答上述問題，必須將現行公司的做法具體的描述清楚，而這些做法就是目前的運營活動。一家公司創造收入或

成本的作法，便是這家公司的運營方法，更深入的觀念，我們將在第3章運營力時說明。

註一　AISAS模型指的是品牌與客戶溝通過程，從引起注意（Attention）、引發興趣（Interest）、上網搜尋（Search）、產生購買（Action），並在購買後進行分享（Share），這樣一連串的行為。

註二　行銷4.0的5A模型則是由行銷大師菲利浦・科特勒在2017年提出的行銷新觀點，他認為品牌與客戶溝通過程，會是由認知（Aware）、訴求（Appeal）、詢問（Ask）、行動（Act）與倡議（Advocate）所組成。

註三　成長駭客模型AARRR，在數據化行銷的年代，透過各種技術與非技術手段實現客戶與營收的快速增長，負責這樣工作的人，被稱為成長駭客（Growth Hacker），而成長駭客們在進行增長工作時所運用的一套工作方法，便是成長駭客模型，這個模型稱之為AARRR，從用戶獲取（Acquisition），到用戶激活（Activation），到用戶留存和回訪（Retention），接著付費（Revenue），並進一步透過老客戶的口碑傳播吸引來新用戶（Referral）。

03 現況與目標的落差用新策略達成

　　弄懂了公司運營方法，我們對商業已經有了基本理解，緊接著我們再來思考下一個問題：

　　若既有的運營方法有了明顯問題，或者無法達成目標時，該怎麼辦？

　　關於這個問題，我用下頁圖 1-9 來協助大家理解，今天公司的關鍵數據是透過一堆運營方法來支持，而目前的運營作法造就了現況，若我們希望提升數據表現到目標結果，這意味著我們**必須要有新的作法才可能弭平現況與目標間的落差**，而從目前做法到新的做法，這便是公司經由策略規劃後產生的計畫。

　　舉例來說，如果公司的服務滿意度一直停留在 8.5 分（滿分 10 分），而公司的退換貨比率也偏高達 30%，老闆希望能在半年時間內將服務滿意度提高到 9 分，並降低退換貨比率到 15%，我們該如何進行這項任務？

　　我相信聰明如你，心中應該有清晰的 SOP 了。首先，先確認服務滿意度與退換貨之間的關聯性，確認這是一個問題

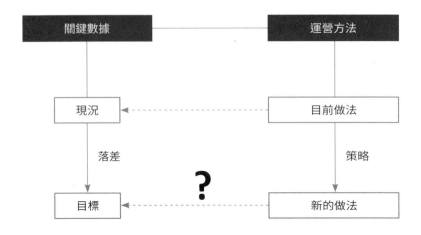

1-9　策略的成因

而非兩個問題；接著，收集資訊，了解目前客戶對哪些服務項目的滿意度最低，例如產品品質、售後服務等；最後，針對每個低分的服務項目規劃改善方案。

上述的 SOP，最終要被規劃成一個個專案，由專人負責，確保專案能順利完成，並且達到預期成效，而專案中的工作，便指派給對應的部門與成員來執行，這便是我們日常工作的主要成因。

回過頭來聊聊這個章節想跟大家探討的問題，公司的目標與計畫是如何產生的？除上述案例中，這種因日常營運問題而衍生解決問題的計畫外，公司也會朝向願景與目標、成長與長期盈利的方向去思考，訂定合適的目標，而在這目標之下，針對現況與目標間的差距，制定策略、設定計畫，並

啟動各式各樣的專案來達成目標。

　　從目標、策略、計畫到專案，這是我們手邊專案工作的主要源頭，而如何制定正確的策略，並確保專案完成等同於目標的達成？這我們將在第4章的策略力中與各位說明。

04 商業思維的全貌
數據、運營、策略、敏捷

　　在這個章節裡，藉由探討幾個簡單的問題，將企業經營的本質性問題與商業概念簡要的探討了一遍，右圖1-10的商業思維脈絡圖，則是我將上述概念整合後的結果。

　　結合（p.38）圖1-9一起看，我們可以掌握以下的觀念：

　　❶ 從脈絡圖中，可以看到企業經營中關注的事物，以及彼此之間的脈絡關係，透過釐清與解讀脈絡圖中的**關鍵數據**，便能更清楚了解公司經營的重點，例如毛利、週轉率、回購率等。

　　❷ 看懂數據關係後，進一步知道創造這些數據的關鍵行為是哪些，公司如何創造收入與獲取客戶、如何留住客戶、如何發展產品、如何拓展通路等，這就是所謂的**運營方法**。

　　❸ 接著，我們透過掌握關鍵數據的實際表現來掌握當下的數據表現，而當下的數據表現當然是源自於當下的運營方法。若我們希望提升這些關鍵數據的表現，必然得有新的做法，而這些新做法通常源自於**策略規劃**。

　　❹ 為了確保策略能穩健的落實，除了要將策略的行動方案逐一規劃成一個個的專案外，還要確保目標能達成預期

成效，傳統的瀑布式專案管理方法已不足夠，企業需要引入更多的**敏捷觀念**。

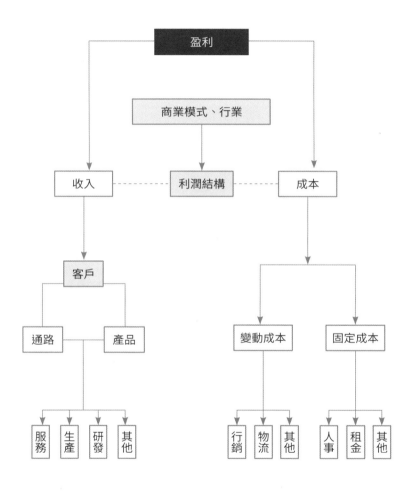

1-10　**商業思維脈絡圖**

而商業思維裡涵蓋的四個重要觀念，數據、運營、策略、敏捷，便是按著這個脈絡而來。

數據力，掌握公司現況的關鍵利器，告訴你公司經營都看哪些數據，而這些數字背後代表的意義為何，數據的脈絡是什麼，日常又該觀看哪些數據才能有效掌握現況？

運營力，企業永續經營的關鍵，如何有效的與客戶互動，讓產品與通路高效運轉，讓客戶快速增長，讓客戶高度黏著？

策略力，讓你做的每件事都有價值，策略是如何形成的？策略又是如何一步步變成員工的日常工作與專案？

敏捷力，面對多變環境的必備能力，以年或季為單位的計畫早已難以應付多變的環境，如何借力敏捷，讓企業具備更強的因應能力將是勝出關鍵。

往下的幾個章節，便讓我們一一來了解商業思維四力吧。

數據力

掌握公司現況的關鍵利器

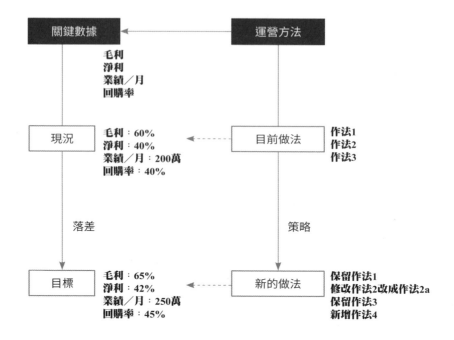

2-1　有效掌握公司現況的方法

　　每當我換到一家新公司任職或輔導一家新企業時總會有人問我：「Gipi，為什麼你能這麼快掌握我們的狀況，甚至比在公司任職多年的員工都還清楚？」

　　我的回答是：「我知道企業經營的本質是什麼，而我也知道要從哪些數據來獲知一家企業當前的狀況與可能的問題，接著我會藉由提問來證實與釐清我的猜測。」

　　因所屬產業與企業發展階段的不同，企業的目標、策略或許會有所差異，但一般跳脫不了追求長期利潤、成長、效

率等方向，而看重的數據也大多與客戶數、占有率、營收、成本、利潤率相關，數據的脈絡並沒有太大的差異，但關注的數據與運營方法則會有顯著差異。

要掌握一家公司的現況，首先，必須要先看看公司的關鍵數據，接著去了解創造這數據的過程，也就是目前的營運方法，接下來又有什麼樣的策略規劃。**透過掌握數據、運營方法與策略，便可清晰的掌握一家公司的現況。**

如上頁圖 2-1，如果公司經營的關鍵數據是毛利、淨利、每月業績、回購率，現在這幾項數據的表現分別是毛利60%、淨利40%、每月業績200萬、回購率40%，而針對這幾個關鍵數據，目前我們有以下三種作法，舉例來說：

❶ 與10家以上的供應商維持關係，確保原料經過充分比價與議價。

❷ 全面採直銷模式。

❸ 針對舊會員進行回購促銷，確保回購率。

在新的年度，公司訂下了新目標，希望有效提升幾個關鍵數據，毛利65%、淨利42%、每月業績250萬、回購率45%。為了有效達成目標，團隊討論了一些新作法，分別如下：

❶ 保留→與10家以上的供應商維持關係，確保原料經過充分比價與議價。

❷ 更新→除直銷模式外，也發展代銷模式，並於半年內拓展20個代銷通路。

❸ 保留→針對舊會員進行回購促銷，確保回購率。

❹ 更新→推動會員分級制度，給予高級會員更高的折扣與福利。

透過釐清關鍵數據、確認目前運營方法以及策略方向的過程，你是否對公司有了更深入的了解呢？

再舉一個例子，當我們看到公司的淨利率是40%，而同業的淨利率大多只在20-25%上下時，40%就是個顯著的特點，透過提問與公開的資訊，你了解公司是藉由人工智慧的引入與流程再造大幅提升了人均生產力，同時壓低了人事成本，才能創造出高於同業的利潤率。接著，深入了解人工智慧與流程再造是做哪些事，你對公司現況的掌握就多了一些。

所謂的行業知識，說白了就是精熟以下三項：

❶ 你了解這個行業經營的關鍵數據。

❷ 你熟悉創造這些關鍵數據的運營活動。

❸ 你知道該如何調整運營活動來改善關鍵數據。

熟悉與掌握數據的人，一般來說對公司的掌握度更高，也往往能創造更高的價值，往下就讓我們進一步學習更多的數據觀念吧。

01 拆解利潤
公司為何賺錢？為何賠錢？

利潤率的基本觀念

若要知道一家公司是否賺錢，要看利潤與利潤率，若要進一步知道公司的賺錢能力如何，我們就要展開財務三表（損益表、資產負債表、現金流量表）中損益表的細部數據，才能一窺究竟。這個小節我將先跟大家談談收入、成本與利潤率這三個觀念，為往下的內容打好基礎。

先談收入，一般來說收入分幾大類：**銷售收入、其他收入、利息收入**。

銷售收入指的是銷售產品或服務所獲取的收入，例如餐飲業靠著銷售餐點所獲取的收入；其他收入指的是非主營事業所獲取的額外收入，例如餐飲業將閒置的場地出租而獲取的租金收入；利息收入一般指其他投資所賺取的利息。

為了簡化溝通，往下我們談到的收入泛指**銷貨收入**。

而支出呢，一般則分**銷貨成本、營業費用、其他支出與稅務支出**等。銷貨成本意指為了銷售產品或服務而支出的錢，例如廣告費用、行銷活動費用等；營業費用則是為了支撐公司經營而衍生的其他花費，例如辦公室租金、人事費

用、辦公耗材等等;稅務支出則是公司營運所需繳納的種種稅金;若扣除上述項目後仍有其他支出項目則歸入其他支出。

為了簡化溝通,往下我們談到的支出泛指**銷貨成本與營業費用**。

了解收入與支出的基本概念後,往下我們進一步探討利潤率,利潤率分兩大類,即毛利率(Gross profit ratio)與淨利率(Net profit ratio)。

毛利率(Gross profit ratio)

談毛利率,有兩個重要的名詞必須一起談,即**銷售毛利與變動成本**,三者的定義分別如下:

毛利率=銷售毛利/銷貨收入

銷售毛利=銷貨收入-變動成本

變動成本=隨銷貨數多寡而變化的成本

如生產、組裝、配送、行銷成本、外包成本等……。

舉例來說,公司靠著銷售產品與服務賺取了1,000萬的收入,而生產、銷售、配送的成本是400萬,我們可以算出銷貨毛利是600萬,而毛利率則是:

600萬/1,000萬=60%

淨利率(Net profit ratio)

談淨利率,也有兩個重要的名詞必須一起談,即**銷售淨利與固定成本**,三者的定義分別如下:

淨利率＝銷售淨利／銷貨收入

銷售淨利＝銷貨收入－變動成本－固定成本

固定成本＝不論銷貨數量多少都固定要支付的成本

如辦公室／廠房租金、折舊費用、人事成本等。

　　舉例來說，公司靠著銷售產品與服務賺取了 1,000 萬的收入，而生產、銷售的變動成本是 400 萬，固定成本則是 300 萬元，我們可以算出淨利是 300 萬，而淨利率則是：

300 萬／1,000 萬＝ 30%

　　銷貨收入、變動成本、固定成本、毛利與淨利的關係，我用 2-2 這張圖來方便大家記憶。

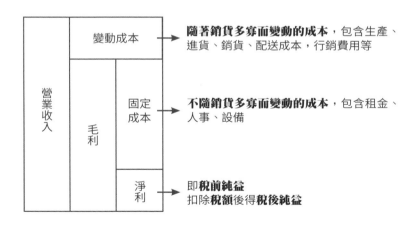

2-2　銷貨收入、毛利與淨利的關係

緊接著來做一個小練習，確認我們真的理解了毛利與淨利觀念。

假設有兩間公司，A公司的毛利率與淨利率分別是60%與10%，而B公司的毛利率與淨利率分別是20%與10%，若兩家公司的客單價都是5萬元，營業收入都是100萬，**請問兩家公司的毛利與淨利分別是多少？**如圖2-3。

我們運用前面提到的公式：

A公司的毛利率是60%，故毛利為100萬×60%＝60萬

淨利率是10%，故淨利是100萬×10%＝10萬

變動成本是100萬－60萬＝40萬

固定成本是60萬－10萬＝50萬

	A	B
毛利率	60%	20%
淨利率	10%	10%

2-3　兩家公司的毛利率與淨利率

同樣的算法我們可以算出B公司的變動成本、毛利、固定成本與淨利，結果如下圖2-4，我們發現兩家公司的獲利能力相當，都賺了10萬元。

如果兩家公司的毛利率不變，我們把營業收入變成70萬時，兩者的淨利又會有什麼樣的變化呢？

	A	B
營業收入	100	100
變動成本	40	80
毛利	**60**	**20**
固定成本	50	10
淨利	**10**	**10**

2-4　兩家公司在收入為 100 萬時的利潤狀況

　　見下圖2-5，我們發現當收入降為70%時，變動成本也對應的減少為70%，因此兩家公司的變動成本都有所下降，分別為28萬與56萬元，故 A 公司的毛利有42萬，B公司僅

	A	B	
營業收入	70	70	
變動成本	28	56	→ 變動成本隨著銷貨量減少等比下降，**剩下70%**
毛利	**42**	**14**	
固定成本	50	10	→ 固定成本不隨著銷貨量改變而變動
淨利	**（－8）**	**4**	

2-5　兩家公司在收入為 70 萬時的利潤狀況

有14萬。但因A公司的固定成本遠高於B公司，故結算後A公司虧損了8萬元，B公司則尚有4萬元的利潤。

　　B公司的變動成本高，意味著每一單生意都要付出很高的變動成本，**但這些錢是確認有收入後才需要支付，因此看似利潤稀薄，但仍有獲利空間**，加上B公司的固定成本低，因此最後仍有獲利空間。

　　我們可以想像一個狀況，兩家公司都是中小企業，但A公司在業務剛起步，營業收入還不高，卻租了一間很氣派的辦公室，聘請了一堆正職員工，大幅拉升了固定成本，最後因業務成長速度太慢，營業收入無法支撐過重的固定成本而被壓垮。

　　而B公司在剛起步時則選擇租用相對地價的辦公室，並以外包替代正職員工的方式來服務客戶，雖然變動成本因此

	A	B	
營業收入	150	150	
變動成本	60	120	變動成本隨著銷貨量增加而等比上升，**提高爲150%**
毛利	90	30	
固定成本	50	10	固定成本不隨著銷貨量改變而變動
淨利	40	20	

2-6　兩家公司在收入為150萬時的利潤狀況

大幅拉高，但這些都是有生意才需要支付的錢，風險相對較低，而靠著超低的固定成本，在毛利只有14萬的狀況下仍舊是獲利的。

同樣的案例，如果兩家公司的營業收入都提升為150萬，利潤狀況有會有什麼變化呢？我們可以參閱左圖2-6。

當營業收入提高為原先的150%時，變動成本也會對等的上升，兩家公司分別是60與120萬，在這樣的基礎下，你會發現最終A公司的淨利硬是比B公司多了一倍。這個變化背後反應了**成本結構在不同的營收規模下會決定了最終利潤**。

B公司仰賴外包來服務客戶，假設每個案子外包的成本都是1萬元，有10個案子就是10萬元，而聘用一個正職設計師的成本則是8萬元（含薪水、獎金、勞健保、有薪假期等），這意味著，如果每個月的案量超過8件，直接請一位正職設計師會比外包划算。因此，在150萬的營收規模下，A公司最終反超過B公司，實現了40萬的淨利。若B要創造40萬的淨利，則營業收入必須要提升到250萬才行。

從上述三個案例中我們可以得出一個重要結論：**當公司營收規模小的時候，應該盡可能降低固定成本，將成本轉嫁到變動成本上。而隨著營收規模增加，則要思考如何降低變動成本，而轉為固定成本則是一條可能的思路。**

對任何營利機構來說，上述的利潤觀念是經營管理的基礎，所有的業務活動基本上都圍繞著這些事運作。

過去，曾有一位行銷同仁在做促銷方案時提出給客戶4折的折扣，我問他：「這個折扣之下公司幾乎是虧本做生

意。」他聽完後大吃一驚，回答我說：「怎麼可能，我們的產品是軟體，沒有什麼生產成本，應該怎麼賣都賺啊。」

我說：「產品研發、服務、升級都不用錢嗎？這些你都沒有算進去，我們能承擔的最低折扣價是5折，低於這個折扣我們就開始虧錢了。」

這不是玩笑話，這樣的案例我過去經歷過很多次，當員工搞不懂基本的利潤觀念時，這種低級錯誤非常常見。

02 想增加收入需看 產品×通路的二維數據

在追求利潤極大化的基礎上，企業可以**透過增加收入或降低成本的方式來實現利潤目標**，這是我們在上個段落學到的觀念，緊接著我們要繼續思考這個問題：

我要怎麼幫公司增加收入？

收入結構

這個問題我在很多場合都問過，回答的對象包含老闆、經理人、業務、行銷人員、研發與後勤人員，聽眾通常都能很清楚說出公司最主要的產品或服務，接近百分之百，但若我進一步問「哪些產品或服務的營收占比最高？分別是多少？」時，能清楚回答此問題的比例不到10%，而且幾乎都是老闆、業務這一類直接負責業績數字的人，而後勤的研發或行政同仁則大多不清楚。

營收占比與分布我稱之為**收入結構**，它能讓我們了解公司是如何獲取收入的。然而，從數據脈絡中，我們知道直接影響收入的關鍵數據是客戶、產品與通路，以下我們將分別

從客戶、產品與通路來展開收入結構，讓各位讀者們看看自不同維度中，我們分別能洞察哪些企業現況。

假設目前我經營一間3C品牌電商，我主要銷售的商品有智慧型手機、掃地機器人、冷氣、冰箱與智能音箱，下面這張表是公司的產品銷量表，也是一張**產品導向的收入結構表**：

產品	單價	數量	銷售業績	業績占比
智慧型手機	$12,000	500	$6,000,000	55.15%
掃地機器人	$4,000	105	$418,000	3.84%
冷氣	$23,840	100	$2,384,000	21.91%
冰箱	$26,760	50	$1,338,000	12.30%
智能音箱	$3,700	200	$740,000	6.80%
總計	—	—	$10,880,000	100.00%

2-7　產品導向的收入結構表

從這張表我們可以看到什麼？

❶ 智慧型手機是主力商品，占整體業績約五成五。

❷ 銷售集中在三個主力商品上，其餘商品的銷售業績僅占一成左右。

光看這些數據，你便能得到上述資訊。緊接著，你應該會想要知道這些商品是透過什麼通路賣出去的。

所以，我們再來看看銷售通路的業績與占比，或稱**通路導向的收入結構表**：

通路	銷售業績	業績占比
官網銷售——FB廣告	$7,000,000	64.34%
官網銷售——原生流量	$1,300,000	11.95%
官網銷售——google	$1,710,000	15.72%
官網銷售——eDM／簡訊	$120,000	1.10%
官網銷售——google關鍵字	$250,000	2.30%
拍賣商城	$500,000	4.6%
總計	$10,880,000	100.00%

2-8　通路導向的收入結構表

　　FB廣告占了業績來源的64%，google廣告也占了近15.7%，這意味著我們有將近八成的業績是透過付費通路（Paid media）。而非付費的部分僅占20%，從這張表，我們可以得出三個結論：

❶ 對付費廣告依賴性過高，營收變數大。

❷ 非付費流量僅占業績約兩成，意味著對口碑、搜索引擎最佳化（SEO）、內容的經營投入不足或成效不彰。

❸ Google關鍵字、拍賣商城、eDM／簡訊占比低，可考慮調整或暫停該通路的經營。

我們從產品或通路單一維度的數據，可以獲得上述結論，若我們試著整理「產品×通路」的二維數據，我們又會看到什麼樣的結果呢？

參考下表2-9，我們可以發現，雖然拍賣商城這個通路的整體表現不好，僅占業績的4.6%，但在智能音箱上的銷售表現卻是所有通路之冠。當我們只看一個維度時，我們會考慮**收掉拍賣商城這個通路**，而當我們同時看兩個維度的數據時，決策則是**收掉拍賣商城上的其他商品，保留智能音箱**。

要掌握一家公司的收入狀況，基本上先看產品、通路的一維數據，以及產品×通路的二維數據，大致上便可掌握七到八成。

產品 通路	智慧型手機	掃地機器人	冷氣	冰箱	智能音箱	通路小計	通路占比
官網銷售—— FB廣告	$4,000,000	$150,000	$1,800,000	$1,000,000	$50,000	$7,000,000	64.34%
官網銷售—— 原生流量	$820,000	$70,000	$200,000	$110,000	$100,000	$1,300,000	11.95%
官網銷售—— google	$1,000,000	$118,000	$324,000	$168,000	$100,000	$1,710,000	15.72%
官網銷售—— eDM／簡訊	$60,000	$20,000	$0	$0	$40,000	$120,000	1.10%
官網銷售—— google關鍵字	$100,000	$50,000	$50,000	$50,000	$0	$250,000	2.30%
拍賣商城	$20,000	$10,000	$10,000	$10,000	**$450,000**	$500,000	4.60%
產品小計	$6,000,000	$418,000	$2,384,000	$1,338,000	$740,000	$10,880,000	100.00%

2-9　產品×通路的二維收入結構表

在過去，多數公司是靠著銷售產品或服務來獲取收入與利潤，然而進入互聯網時代後，很多新形態的經營方式陸續出現，包含大家熟知的互聯網模式與補貼模式，藉由快速的用戶獲取來搶占市場與流量，等到手邊握有大量的用戶流量後才開始思考變現方法。

如滴滴、Uber、餓了嗎這些企業，研究後我們驚訝地發現，這些被廣泛談論的獨角獸公司（泛指估值超過10億美金的未上市公司），從財務面來看竟然都是不賺錢的公司。因為它們都正在經歷**不靠產品或服務賺錢，而是藉由免費或低於原價（補貼）的服務，來獲取用戶與流量，進而想辦法在其他地方獲取收入與利潤**。

而這條路，有一家公司早已經走過，世界第二大的實體零售巨頭——好市多 Costco。Costco 2016年的淨利潤為36.72億美元，其中會員費的淨利潤達26.46億美元，占總利潤的72.1%。它是零售行業，但主要利潤卻不是來自銷售貨品，而是會員費。

這背後的邏輯在10年前或許我們很難解讀，但這麼多年下來，我相信大家都能理解了，當零售行業的其他競爭者，想盡辦法透過拉抬價格，將毛利率維持在40-60%之間時，Costco反其道而行，要求商品上架時的售價，利潤率不能超過14%，最極端的時候甚至只有6.5%。做生意的，竟然有人嫌利潤率太高，因為Costco打的算盤是以較低的售價與卓越的服務來留住客戶。要在Costco消費，首先你得要加入會員，才有機會享受這些遠低於市場價格的商品。

Costco的利潤來自兩部分：商品銷貨與會員費，前者的利潤率極低，淨利率在5%以下，但靠著良好的經營方式，仍有些微利潤，而會員費的利潤率極高，創造的總體利潤非常可觀。

成本結構

了解完收入結構，我們也可以以相同的概念去拆解產品、通路、產品×通路的成本結構，基本上若公司有多個產品線與通路時，每個產品跟通路的利潤率大多不同。**在財報上或許我們只會看到一個毛利率跟淨利率，但在管理上，我們必須要能搞清楚不同產品的利潤狀況**，才能做到管理上的優化。

不過實際在執行成本結構拆解時，通常會遭遇攤算與認列的問題，例如數位廣告，當廣告不是只打單品時，要如何去攤算成本？運送費用上，如果同一個包裹中有多個商品時，要如何攤算？又比如人事成本，如果人員不是只負責單一產品的工作時，又要如何攤算？

我的建議是先**按比例去攤算**，例如，數位廣告的著陸頁（landing page）打到一個商品的清單頁面，這個頁面上共有10件商品，其中A品類占6件，B品類占4件，則拆分廣告成本時則以6:4的比例分別算到A、B品類中。

這樣的拆解方式初期準確度或許只有60%，但隨著營運經驗的增加，準確度會愈來愈高，此時我們便能更精準的掌握每個產品的損益與通路的表現。

　　收入與結構拆解過程，其實是一種公司現況的健康檢查，你會因此發現一些過去沒留意的問題，而那些說不清楚的部分，或許就是公司經營上無法突破的癥結點所在。

03 持續提高客戶的終身價值

　　在這一章第1節時我們談到利潤率是由收入與成本結構而決定，而在收入部分我曾提到影響的三大關鍵是**客戶、產品與通路**。然而，在第2節的前半段我只談了產品與通路，似乎沒有提到客戶，這是因為多數企業在談營業收入時，會從產品與通路的角度來討論。其實，當我們試著從客戶的角度來探討收入問題時，通常會有不同的觀點。

　　在往下進行前，我們先來認識關於客戶的基本名詞：

　　❶ **潛在客戶**：是潛在成交對象，可能曾接觸或聯繫過，但最後未成交。

　　❷ **名單**：當我們握有客戶的聯絡方式，如電話、email、LINE等，便能說我們擁有了客戶的名單，掌握名單才算擁有了主動開發客戶的基礎。

　　❸ **新客戶**：完成首次消費的客人，可以按流量來源再細分，例如付費與非付費，甚至進一步對付費與非付費的通路再往下細分，對客戶的組成結構可以有更深入的掌握。

　　❹ **回頭客**：或稱續約、續費、回購客人，代表消費兩次以上的客人。

　　❺ **流失客戶**：曾經消費過，但卻與我們失去聯繫的客

戶，包含超過一定時間沒有產生回購行為的客戶，以及發生退貨退款的客戶。

❻ 口碑客戶：經由他人推薦而成為我們客戶，可能是由客戶推薦，也可能是員工推薦。

當搞懂這些基礎名詞後，往下繼續學習一些關於客戶不得不知的基礎知識：

❶ 新客戶的獲取成本（Customer Acquisition Cost, CAC）是維繫舊客戶（回頭客）的6-10倍。

❷ 舊客戶因為對品牌有信任感，對產品也具忠誠度，因此通常會買更多，且有可能形成口碑，為我們吸引更多客人。**忠誠的客人，營收的幫助通常大於一般客人**，因此客戶的留存率（或回購率）是經營上很關注的重點，**留存率高，通常意味著客戶對產品或服務的黏著度高**，反之，則意味著客戶流失速度過快

❸ 新客的獲取成本雖然高，但企業還是需要不停開發新客，因為不論服務做得多好，舊客仍有一定比例會流失，若新客成長的速度低於舊客流失的速度，公司的營收規模將逐漸萎縮，因此在維繫舊客的同時，新客也要持續成長。

❹ 開發過但未成交的客戶叫潛在客戶而非無商機客戶，主要原因在於這群人曾與我們接觸過，了解過產品，甚至差點購買，最後因種種原因而沒有成為我們的客戶。

舉例來說，一位24歲剛出社會的新鮮人，在兩年前因

費用過高以及需求性不強的關係，沒有購買線上課程。兩年後的現在，他26歲，薪水已經成長，而且對學習有迫切需求，此時他就是很精準的TA，若我們不再理會他，就等於斷送了商機。

往下，我們用一個案例讓大家更快的理解上述的觀念，如果今天公司的商品，客人從來不回購，也就是只消費一次，而隨著市場經營的日漸成熟與競爭，加上網路流量紅利的消失，新客獲取難度提升，每年為維持固定的新客數量，新客獲取成本以每年10%的速度上升，在這樣的狀況下，公司逐年的營業數字如下圖2-10：

2016年		2017年		2018年	
營業額	$80,000,000	營業額	$80,000,000	營業額	$80,000,000
客單價	$20,000	客單價	$20,000	客單價	$20,000
訂單數	$4,000	訂單數	$4,000	訂單數	$4,000
新客訂單	$4,000	新客訂單	$4,000	新客訂單	$4,000
舊客訂單	$0	舊客訂單	$0	舊客訂單	$0
獲客成本(新)	$10,000	獲客成本(新)	$11,000	獲客成本(新)	$12,100
獲客成本(舊)	$2,000	獲客成本(舊)	$2,200	獲客成本(舊)	$2,420
獲客成本(總)	$40,000,000	獲客成本(總)	$44,000,000	獲客成本(總)	$48,400,000
毛利	**50.00%**	**毛利**	**45.00%**	**毛利**	**39.50%**

2-10　客戶結構表一

從上表中我們可以看到，隨著每一年的新客獲取成本不斷上升，公司的毛利率正以10-12%左右的速度在下降，過不了幾年，公司肯定無以爲繼。因此，任何企業若無法讓客戶持續回流，進而創造**經常性收益**，這樣的公司通常撐不過幾年。

　　一樣以上述公司作爲範例，如果今天每年的客戶回購率達40%，而新客的成長速度仍維持原狀，公司的業績與毛利表現會是如何？我們可以看看下圖2-11：

　　逐年業績持續往上增長，毛利率在2017年時出現大幅成長，但在2018年則出現微幅的下降，而按這趨勢往下，

2016年		2017年		2018年	
營業額	$80,000,000	營業額	$112,000,000	營業額	$124,800,000
客單價	$20,000	客單價	$20,000	客單價	$20,000
訂單數	$4,000	訂單數	$5,600	訂單數	$6,240
新客訂單	$4,000	新客訂單	$4,000	新客訂單	$4,000
舊客訂單	$0	舊客訂單	$1,600	舊客訂單	$2,240
獲客成本(新)	$10,000	獲客成本(新)	$11,000	獲客成本(新)	$12,100
獲客成本(舊)	$2,000	獲客成本(舊)	$2,200	獲客成本(舊)	$2,420
獲客成本(總)	$40,000,000	獲客成本(總)	$47,520,000	獲客成本(總)	$53,820,800
毛利	**50.00%**	**毛利**	**57.57%**	**毛利**	**56.87%**

2-11　客戶結構表二

2019年的毛利率會持續下行到53%左右。這是因為新客獲取成本每年仍以10%在攀升，對利潤率產生了重大影響，若要改善此問題，有三個解決方法：

❶ 提高回購率，讓平均獲客成本降低。

❷ 降低新客獲客成本。

❸ 減少新客訂單數，降低數字，但提升整體毛利率。

客戶結構的檢視，往往能看出公司的整體經營狀況，獲客成本的高低，可以反應出產品力的強弱，也能凸顯出通路經營的效率；而客戶回購率的高低，一方面與產品本身是否滿足客戶需求有關，另一方面則與客戶服務有密切關係。

獲客成本（Customer Acquisition Cost, CAC）

在這個段落中反覆地提及獲客成本這個詞，從字面上翻譯，就是獲取一個客戶所花的成本，但這個成本究竟是怎麼計算出來的呢？如果公司是純電商，所有的客戶獲取都在線上完成，一般來說平均獲客成本約等於**總流量成本／訂單數**。

但若公司不是純電商，而是有當面銷售或電話銷售的方式呢？獲客成本又該如何計算？以下我以電銷作為範例。

電銷的開發流程中，首先得獲得客戶的名單，因此會有名單獲取成本（Cost per Lead, CPL），而電銷業務拿到名單後，要逐一打電話給客戶，這便衍生了開發成本，每開發一個名單，都伴隨著業務時間成本、電話費跟名單本身的成本在裡頭。

舉例來說，如果每筆名單的獲取成本為50元，業務員的月薪為40,000元，人事成本一般為月薪的1.5至2倍之間，在此我們以1.5倍計算，因此業務員每月的人事成本為60,000元（40,000×1.5）。

　　業務員每個月若平均工作20天，意味著每天的成本為3,000元（60,000／20）。

　　一個業務員一天可以撥打40通電話，因此平均撥打一通電話的人事成本為75元（3,000／40）。若電話費平均每通為5元，則業務員打一通電話的總成本應為：

　　名單成本＋人事成本＋電話費，約等於50＋75＋5＝130元

　　若電話開發，平均每20通電話會成交一張訂單，那意味著成交率約為5%，也就是說，成交一位客人所要花的錢約為：

　　130×20＝2,600元

　　這個數值就是電銷實際的獲客成本，也就是說，若客戶的成交金額低於2,600元，公司就虧損了。

客戶終身價值（Customer Life-time Value, CLV）

　　這個小節中，另一個被提及的重要觀念就是客戶終身價值，所謂的客戶終身價值就是**一個客戶終其一生可以為公司帶來的價值總和**。CLV的計算公式如下：

$$CLV = \sum_{t=0}^{n-1} \frac{V(t)S(t)}{(1+r)^t}$$

t＝週期、V(t)每年邊際利潤、S(t)每年的留存率、r貼現率

但一般來說，我會用一個更加簡單的計算方法：**客戶的消費總金額＋因推薦而成交的總金額**。

如果這個客戶首次消費花了 2,000 元，往後的三次回購各消費了 3,000 元，而他又推薦了三位朋友，每個朋友平均消費了 2,000 元，因此這位客戶的 CLV 就是：

2,000＋3,000×3＋2,000× 3＝17,000 元

回頭看看獲客成本，當時獲取這位客戶的成本為 2,600 元，而客戶的首張訂單為 2,000 元，因此在客戶成交的當下，公司實際是虧 600 元，但隨著回購與推薦的發生，公司開始從這位客戶身上獲取了豐厚的利潤，因此有人主張，若要有效計算公司從每個客戶身上是否有賺到錢，應該看看 CLV／CAC 是否＞1 即可。

這種首單虧錢，但長期賺錢的經營方式在現代並不罕見，多數的訂閱服務都是採取這種模式。

以 Netflix 例，圖 2-12 是 Netflix 的獲客成本的趨勢，自 2013 年到 2017 年間，北美以外的獲客成本平均約在 40 元美金上下，換算台幣約 1,200 元，也就是說，要讓你成為 Netflix 客戶，得付出 1,200 元台幣的代價。

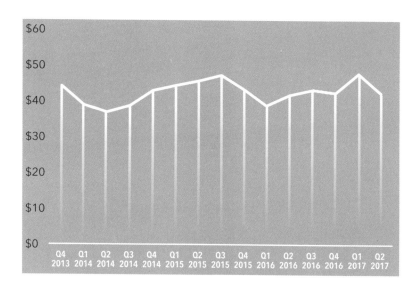

2-12　NetFlix 獲客成本趨勢

	基本	標準	高級
免費試用月於2018／12／2結束後的價格	$270	$330	$390
可觀賞高畫質	X	V	V
提供超高畫質影片	X	X	V
可以同時在幾個螢幕觀賞	1	2	4
在筆記型電腦、電視、手機和平板電腦上觀賞	V	V	V
不限時數的電影與節目	V	V	V
可隨時取消	V	V	V
首月免費	V	V	V

2-13　2018 年 NetFlix 台灣地區各方案費用

然而，如上頁圖2-13，我們從Netflix官網看到，標準方案，每個月的費用是330元，這意味著，每個客戶至少必須訂閱4個月（330元×4＝1,320元），終身價值才會超越獲客成本（1,200元），此時Netflix才算真正從客戶身上賺到錢。

而Netflix這檔生意能持續下去，很大一部分原因就是用戶的續訂率極高，達到95%，即流失率僅5%，這意味著，每個用戶平均會訂閱20個月，平均的終身價值高達330×20＝6,600元，所以Netflix的CLV／CAC約為5.5（66,000／1,200＝5.5），這個數字遠大於1，是一門挺賺錢的生意。

Netflix的利潤結構讓我們看到另一種獲利的可能性，**將經營的心力放在客戶留存與回購上，讓客戶的終身價值持續提高，只要客戶留存的夠久，企業終能從客戶身上獲取利潤。**

04 數據化經營能使業績預估更有效

前面幾個小節，帶大家從各種不同維度來思考營收與成本的問題，也將經營的基礎觀念做了較詳盡的說明。相信大家對公司經營數據的知識已具備一定基礎，往下我們將進一步探討數據化經營的奧妙之處。

過往我自己在公司內負責大數據專案或協助客戶導入數據化經營概念時，通常會先提出一個問題：「我們希望數據能在經營管理上幫上什麼忙？」

這個問題很基礎，但在我過去的經驗中，我發現許多人總認為大數據的厲害之處就在於能提供許多我們未知的洞察，不知道的事，交給大數據分析就對了。

我不否認大數據在某些場景下確實能做到這件事，但我始終認為**有目的性的透過數據去找答案**，往往更省時省力。

設定目標的SMART原則

設定目標，是數據化經營的關鍵動作之一，沒有目標就很難看見成果，然而設定目標也是有學問的，在設定時請務

必謹守SMART原則，相關的概念如下圖2-14：

S	Specific 具體明確的	明確不含糊，包含做哪些事情？對工作任務的要求是什麼？
M	Measurable 可衡量的	做到什麼樣叫好？衡量的基準是什麼？什麼樣叫做100分？
A	Attainable 可達成的	去年成長20%，在沒有大幅度的策略調整或資源投入的狀況下，今年要成長200%，這一般是無法被達成，但若是20%→30%，這或許就是一個有機會被達成的目標。
R	Relevant 相關聯的	這個目標必須要與負責指標對象的工作內容相關，例如要客服人員去負責銷售指標便顯得奇怪。
T	Time－bound 具時效性的	必須要有一個明確的完成期限或里程碑，這是設定計畫的基本要素，可能以天、週、月或季為單位。

2-14　SMART 原則

SMART原則是數據化的基礎，但過去我發現很多人訂目標時會設定「改善客戶滿意度」、「提高經營效率」等方向，但卻無法具體的說明要改善什麼（不明確），以及改善的幅度（無法衡量），這都是不好的範例，一個直接有效的目標設定應該是這樣子陳述：

我們將在3個月內，藉由改善電話接聽率從95%提高到98%，以及落實客服案件的主動跟進，將客戶滿意度從目前的8.6分提升到8.8分，預期可以降低客戶的退費率達5%，

並有效提高客戶的回購率2%與推薦率2%，對營收貢獻將達300萬／月，此案由客服主管May全權負責。

Specific：

 提高客戶滿意度8.6→8.8分

 降低客戶的退費率達5%

 提高客戶的回購率2%與推薦率2%

 藉由改善電話接聽率與落實客服案件主動跟進

Measurable：8.6→8.8，95%→98%

Attainable：8.6→8.8，而非8.6→10

Relevant：客服主管May

Time-bound：三個月

預期效益為每月營收增加300萬元，這是一個非常具體的目標設定，而且永遠不要忘記，所有的目標設定務必緊扣數據脈絡的源頭，利潤、收入或成本，一來讓所有人知道這件事的具體價值，二來當大家習慣以量化、價值來溝通時，溝通的效率也會大幅提升。

比較基準

本月業績做3,000萬，算是好還算是壞呢？公司毛利率55%算是高還是低呢？客戶平均滿意度是9.1分，這又是好還是壞呢？若我們單看一個數字，通常很難直接斷定它是好

還是壞，這是因為缺乏了比較基準。

好壞、高低，基本上都是透過比較來的，比如上個月業績6,000萬，本月份才3,000萬，表現就顯然不好。

如果公司毛利率55%，而同行的毛利率表現都是45%，那顯然表現優於同行，但若公司去年的毛利率是60%，現在只剩下55%，那表示公司的毛利率正在下滑。

客戶滿意度去年同期是9.5分，現在是9.1分，代表滿意度退步了，但如果拉開一整年的數字來比較，可能又發現滿意度從去年的9.5分，到第一季時降到谷底的8.6分，近幾個月又努力拉升回到9.1分，這樣看起來，整體表現又不是那麼差了。

上面這只是一些很常見的數據比較，而在數據分析時我們常用的比較基準大致上有以下幾項：

❶ **特定基準**：拿經驗值、理論值或平均值來比較，例如上述特定行業的毛利率表現，這就是拿平均值來比較。

❷ **計畫基準**：拿公司、部門或個人的計畫來對比，例如公司本月要做到營收5,000萬，本月已經經過一半，應該要做到2,500萬，但目前只做到2,000萬，這顯然有落後。

❸ **時間基準**：跟特定時間做比較，常用的比較方式有：

▶ **同比**：通常是拿去年同期來比較，比如201806比201706的表現，很多行業都有淡旺季，有時拿去年同期的數據來比較是可以發現不少問題的。

▶ **環比**：與上一期相比，如果一個月為一期的話，就是拿6月比5月。

▶**定基比**，跟特定時段比較，例如拿201805、201806來跟201801比較，上述的客戶滿意度，基本上我就是用了時間標準來做比較。

❹ **分類基準**：常見的有透過產品、區域、部門、客群等來做分類，例如列出所有產品的銷售數字，來比較誰占比高；列出全球各個區域或國家的銷售表現，來比較各區域的表現等。

領先指標與落後指標

在先前的案例中，我非常強調緊扣數據脈絡，盡可能從利潤角度來溝通專案的價值，如下頁圖2-15，我們可以清楚的看到，愈接近上游的，在價值陳述上愈容易看出最終效益，而愈接近下游的，則是具體的改善行動。

在設定目標時，必須從上游的角度來思考，而在制定行動時，則必須從下游的角度切入。

上述這個觀念，在數據管理上稱為領先指標（Leading indicators）。以業績為例，業績通常是結果指標（Output indicators），這已經是公司經營的結果，若我要有效的改善業績，我們必須深入到業績創造的過程，也就是數據脈絡中的客戶、產品與通路，觀看針對這三者的指標哪些地方出了問題，若問題是出現在通路上，我們會進一步去看通路的訂單、名單與流量以及轉化率等數據。

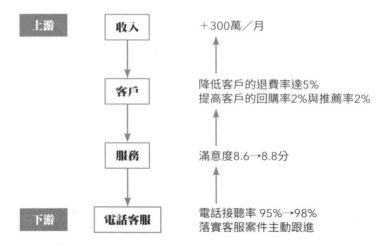

2-15　服務滿意度改善的數據脈絡

先掌握落後指標（結果），再深入探索領先指標（過程）。

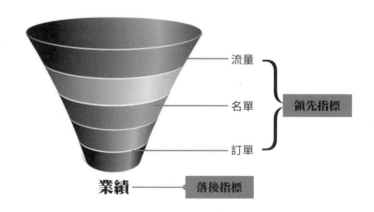

2-16　領先指標與落後指標

以左下圖 2-16 為例，這是電商常見的銷售漏斗，當業績未達標時，問題並不在業績上，而在創造業績的過程，業績落後的原因，我們可以從訂單、名單與流量上找到。舉例來說，目前業績落後 30%，我們一路往回推，發現訂單也掉了 30%，名單也少了 30%，但流量沒有掉，這意味著留單率（名單數／流量×100%）降了 30%。

留單率大幅降低，可能的原因有幾個，第一，流量的品質下降；第二，留名單的流程或文案做了較大幅度的修改；第三，因各種可能的系統修改導致留名單功能出了問題。

落後指標的問題，我們可以在領先指標中找到答案，相對的，如果領先指標的表現不如預期，我們也可提早預見落後指標可能無法達標。所以我常說**經營看落後指標，但管理必須要掌握領先指標**。

過去在公司內開業務會議時，難免會檢討業績未達標的原因，過去曾有多次經驗，業務主管在業績未達標時並未妥善的檢討未達標原因，僅以「我們不夠努力」、「會盡全力達成業績目標」等豪氣干雲的說詞拍胸脯保證下一週一定會把業績趕上。

但當我問起：「你知道業績沒達成的原因嗎？」

對方若無法迅速回答我的問題，我便知道對方並未去檢討領先指標。此時，我通常會直接告訴他，這週有哪個領先指標衰退了？例如平常一天要拜訪 4 個客戶，但這週平均只拜訪 3.2 個的客戶，業績合理的衰退了 20%。而下一週若你無法做到一天 4.8 個拜訪，要趕上業績又談何容易？

業績管理，是門非常強調領先指標管理的學問，轉化率與成交率一般很難快速提升，但流量與拜訪量的增加，通常會有直接的幫助，因此請將管理的重點放在領先指標上。

更有效的業績預估方法

前一個段落我們談到了領先指標管理，接下來這個段落我將延續領先指標的概念來跟大家聊聊**業績預估的方法**。

如果公司下個月的業績目標是3億元，公司有3條產品線A、B、C，以及四個業務部門，我們大致上可以看到如右頁圖2-17的業績分配：

每個業務部門有個業績目標，而每個產品也被設定了業績目標，因此每個業務部門會有一個業績總目標，以及各產品的業績目標。以業務一部來說，總目標是一億元，其中包含產品A的2,000萬，產品B的3,000萬，以及產品C的5,000萬。

這是一種常見的業績分配方法，但若我們進一步問：「爲什麼業務一部的業績目標是一億呢？」，通常得到的答案是：「因爲它們上個月做9,000萬，所以往上加1,000萬。」這種**基於過去表現來預估未來表現**的業績分配法，在企業界十分常見。

以過去表現來預估未來表現，前提假設是**在前後兩週期間，內部與外部環境的變化都不大，只要多努力一些就能取**

	業務一部	業務二部	業務三部	業務四部	
A產品	2,000萬	1,000萬	2,000萬	3,000萬	8,000萬
B產品	3,000萬	2,000萬	2,000萬	3,000萬	1億
C產品	5,000萬	2,000萬	2,000萬	3,000萬	1億2,000萬
	1億	5,000萬	6,000萬	9,000萬	

2-17　各部門業績目標

得對等的收益。

這樣的假設，在穩定且變動性較小的環境下問題不大，因為流量供給相對穩定。然而在現今的商業環境中，競爭突如其來、流量說掉就掉、演算法說改就改，上個月付費廣告流量還好好的，這個月的流量或許馬上減少了30%，為了提振流量，企業會投入更多的廣告成本，而經營的利潤，也在過程中不斷的減少，靠投入廣告費就能換回對等業績的年代已經過去了。

在這樣的年代裡，我建議所有企業應該改變業績管理的方式：

❶ 從基於過去業績來預估未來業績，調整為從既有資源出發來預估業績。

❷ 優先掌握內部可控資源，如舊客與手邊既有的名單、流量。

❸ 降低對外部不可控資源的依賴性，如廣告等付費流量。

我將這個業績管理方式稱為**客戶導向式業績管理**，這是結合了客戶結構與領先指標管理的概念而形成的管理概念，具體的做法可以直接參見下表2-18。

首先我會要銷售團隊去盤點每個月我們平均會有多少客人符合回購資格，假設是500位。過往客戶的回購轉化率與客單價分別是多少，假設是70%與3萬元。這樣我便能說，本月份回購客戶將可為我們創造1,005萬元（3萬元×500位×70%）的業績收入。

客戶來源類型	數量／月	轉化率	客單價	預估業績
回購客戶	500	70%	30,000	10,050,000
推薦客戶	10,000	5%	28,000	14,000,000
原生流量——新名單	50,000	10%	15,000	75,000,000
舊名單	50,000	1.2%	28,000	16,800,000
			小計	115,850,000

2-18　客戶導向式業績管理

按此邏輯，我們也可以算出因客戶推薦而帶來的預估業績為1,400萬，同時因為妥善的經營了內容與做好SEO，因此每個月會帶來約50,000筆新名單，而這些名單推估將帶來7,500萬的業績數字。

　　最後則是舊名單的處理，我曾在客戶結構的段落中提到，舊名單不意味著沒有商機，而是過去無需求，若我們能妥善的為這些名單進行分眾經營，仍然可以獲得不錯的業績貢獻，以上表的案例來說，本月份我們將有50,000筆轉化率在1.2%的名單可用，而帶動的整體業績為1,680萬元。

　　舊客戶、舊名單、原生流量，這些便是我們手上擁有的內部資源，可控度與把握度相對較高，可貢獻的收入大約在1.16億元左右，應該穩穩地拿下來。而剩下的1.84億才是外部努力的目標，接著，我們進一步盤點各付費通路的流量表現，一樣先將業績表現穩定，流量與名單品質穩定的付費渠道一一列出來，若業績仍有落差，最後才將目光放到相對不穩定的通路上。

　　運用客戶導向式業績管理方法，在業績預估與達成率上往往更加精準，同時降低了外部的依賴性，管理的可預期性會逐漸提高，公司將擁有更多的本錢來面對外部的變化。

05 用分群與標籤化來精準匹配用戶與產品

　　本章節前面所談論的觀念，其實已經能協助你找出大多數經營管理的問題，而這也是商業數據分析的基本功，然而光是做到這些並不足以讓公司在激烈競爭的市場中脫穎而出，在大數據的時代，我們有必要進一步了解一些更重要且更高效的數據分析觀念，這個小節，我將為大家介紹幾個常見的數據分析概念與方法：**分群、標籤化、精準匹配與統計模型**。

分群與標籤化

　　分群的目的是為了區隔化，而區隔化的目的則是為了提供更適切的內容與服務。

　　分群的概念其實我們一點也不陌生，學生時代的能力分班，是為了讓班級學生的素質更加平均，讓老師的授課內容可以更聚焦；大學選科系，一旦選定便意味著往下的幾年我們將學習某個領域的知識，這也是一種分群後的結果。

　　而當我們將分群的概念運用在工作上，首先聯想到的便

是客戶分群，本章前面談到的新客、舊客，付費流量、非付費流量，A產品客戶、B產品客戶，其實都是一種簡易的分群。好的分群，有助於提高與客戶互動，例如對曾消費過婦嬰用品的客戶群，推送奶粉的促銷訊息給這群消費者就非常合適。

分群的方式，一般來說分為兩類，一種是按**屬性**分群，另一種則是按**行為**分群。

屬性分群，一般又分兩種，即**固定與變動**的屬性，固定的屬性如性別、血型、生日等，而變動的屬性則像年齡、婚姻狀態、職業、收入、學歷、消費習慣，這些**會隨著時間而變化的屬性**。

屬性的分群是最基礎的分群法，例如將性別與年齡作為一個分群法，就可以將客戶分為25-30歲的男性、30-35歲的女性等眾多族群，若整理出來的資料如下2-19，若我們發現25-30歲的女性客戶占比最高，通常意味著這是我們最精準的TA，行銷資源應當多投入在這群客戶身上。

屬性	客戶占比
25－30y，女性	23%
35－40y，女性	18%
40－50y，男性	14%
25－30y，男性	8%
55y以上，男性	6%

2-19 年齡與性別分群

而針對屬性分群，我們應當特別留意那些會變動的屬性，在前面的篇幅中我曾舉過一個案例，一位24歲剛出社會的女性新鮮人，在兩年前因費用過高以及需求性不強的關係，沒有購買我們的產品，兩年後的現在，她已26歲，已經進入25-30歲女性這個最精準的分群內，我們主動去開發她，成交機率應該不低才是。

行為分群，相對來說比較複雜些，數據的採集也比較困難，在商業領域，多數的行為分群大致圍繞著三個面向：**消費行為、使用行為與服務行為**。消費行為如購買、回購、推薦、退換貨、消費頻率等；使用行為如註冊、登入、開箱、使用頻率等；服務行為如撥打客服電話、客訴、主動關懷、廣告推送等等。

典型的行為分群法如RFM，即透過最近一次的購買時間、消費頻率、消費金額等三個維度將用戶進行分群，R-F-M的個別定義如下：

R（Recency）── 近度，最近一次購買（or付費）時間

F（Frequency）── 頻度，一定時間內購買（or付費）次數

M（Monetary）── 值度，一定時間內購買（or付費）總金額

2-20就是一個很簡單的RFM分群法，將客戶初步分為8群。分好群之後，關鍵是如何解讀這些分群，針對這部分，

分群	Recency	Frequency	Monetary	描述
1	近	多	≧500	高價值、高忠誠客戶
2	近	多	<500	價格敏感度高
3	久	多	≧500	潛在流失客戶， 需重點維繫
4	久	多	<500	潛在流失客戶
5	近	少	≧500	重要發展客戶
6	近	少	<500	一般客戶
7	久	少	≧500	潛在流失客戶
8	久	少	<500	低價值客戶

2-20　RFM **客戶分群**

我們可以參考上表最後的描述欄位，基本上R愈近愈好，F愈多愈好，M愈大愈好。上方的分群1，完全符合R近、F多、M大，因此被歸類爲高價值、高忠誠客戶；而分群2，R近、F多、M小，購買的多，但貢獻的金額小，意味著每次購買的單價都很低，便被我們歸類爲價值敏感度高的客人；分群3，R久、F多、M大，這群客人消費力高，過去也消費過很多次，但近期都沒有來消費，很有可能流失，因此被歸類爲潛在流失客戶，需要被重點維繫。其他分群，各位讀者可以按此邏輯進行思考。

屬性與行爲的分群法，發展到一定階段，必將走向**標籤化**。所謂的標籤，其實就是一堆的屬性與行爲的集合，例如男性、35-40歲、資訊業、中高階主管、已婚、台北市、父

親、iPhone用戶、碩士、閱讀、電影等。企業藉由一次又一次與你互動的過程，不斷收集關於你的資訊，並在這些資訊滿足特定分群條件時，為你打上一個又一個標籤。

以Facebook廣告為例，你可以到「廣告偏好設定」去查看Facebook 根據你在網站上留下的個人資訊，以及各種點擊與互動行為後幫你打上的標籤，你會發現標籤的數量或許遠比你想像的更多，若有興趣，也可以一併了解一下Facebook廣告的運作方式。

精準匹配

分群與標籤化，基本上讓我們對某一物件（Object）有了更深刻的理解，這邊我用物件而非客戶或人，原因在於，標籤是可以貼在任何東西上的，包含產品、通路、客戶、客服、業務，甚至是網站、網頁、eDM、簡訊等。

我們已經理解幫客戶貼標籤的目的是為了分群，提供更好與更精準的服務。但幫其他物件貼上標籤的目的是什麼？答案是，**為了精準匹配**。

以Facebook廣告為例，當我們身上具有許多標籤時，那些視我們為目標TA的廣告是怎麼打中我們的呢？

如2-21，首先廣告商會先設定他這則廣告的目標受眾，而目標受眾的便是這則廣告被打上的標籤，比如自行車愛好者，年齡介於18-35歲、女性、騎自行車、手機用戶等，而

當廣告商的目標受眾是⋯⋯
自行車愛好者

- 18-35歲
- 女性
- 我商店的**20英里**範圍內
- 對騎**自行車**感興趣
- **手機**用戶

我們會向以下用戶顯示廣告⋯⋯
Facebook用戶

- 30歲
- 女性
- 台灣台北市
- 對騎**自行車**、電影、烹飪有興趣
- **iPhone**用戶、購車者、玩家

2-21　Facebook **廣告運作方式**

Facebook便會對具備這些標籤的用戶推送這個廣告。

廣告本身有標籤，用戶身上也有標籤，當兩者標籤匹配上了，廣告便會推送到用戶眼前。而這正是所有廣告運作的基本原理，也是所有精準服務與行銷的根本。

過往我曾將標籤化與精準匹配的運用在許多場景下，實現了非常豐碩的成果。

用在**精準行銷**上，先針對舊名單進行基本分群，接著透過貼好許多標籤的eDM，逐一觸及這些潛在客戶，eDM上的標籤從發送對象、主旨、內文的文字、圖片、連結到landing page的內文、圖片、連結等都被配置了標籤，當客戶展信、點擊後，客戶便會被貼上對應的標籤，意味著這客

戶對某些標籤感興趣。

若客戶對我們的eDM沒有任何反應，我們便會持續嘗試另一組標籤，直到確認客戶的偏好為止，透過這種一波又一波的eDM與簡訊的操作，舊名單一一被打上了標籤，當今天有一個促銷訊息要推送時，我們便能如Facebook廣告找受眾的方式將eDM發送到有興趣的客戶手上。透過這樣的操作，公司舊名單的轉化率會大幅提升到4至6倍。

用在**精準銷售**上，公司內的銷售人員上千人，每個人擅長銷售的產品與擅長開發的對象都不相同，我們透過數據的收集，為每位業務員打上標籤，例如老師、公務員、40-50歲，這意味著過往他開發擁有這些標籤的客戶對象時成交機率顯著的高於其他族群，藉由這樣的精準匹配，公司大幅提高了成交率。

用在**客戶服務**上，我的前東家是做在線教育領域，我們在商業模式上有獨到之處，其中一個特點便是能精準的將老師、學生與教材做精準的匹配，進而做到千人千面，一人一課綱的服務。這中間的核心，其實也是根據老師、學生與教材上的各種屬性與行為標籤做精準匹配。

NetFlix、今日頭條、Spotify、Amazon的推薦系統在本質上都是標籤匹配的概念，在未來的商業世界裡，光靠人力已經很難滿足客戶需求，我們必須嘗試更高效的方式，而標籤化是一個我認為合適的切入點。

統計模型

　　分群、顯著性，這些前面提過的名詞，基本上都歸屬於統計的範疇，足見統計對於數據分析的重要性有多高，接下來我要進一步帶大家了解另一個重要觀念——**統計模型**。

　　所謂的模型，一般泛指經由各種歸納方法而產生的規則或運算式，舉例來說，新客戶的獲客成本是舊客戶的6至10倍，這便是一個基於過去經驗而得出的規則，這條規則告訴我們，應該把時間花在舊客身上；又比如，當客戶在使用產品時獲得了他希望的結果，他會更願意將產品推薦給他人，這也是一條規則，引導我們盡力去滿足客戶的各種需求。

　　一個模型，可能是由一到多個規則或運算式組合而成，舉例來說，RFM便是一個簡單的客戶價值模型，由購買時

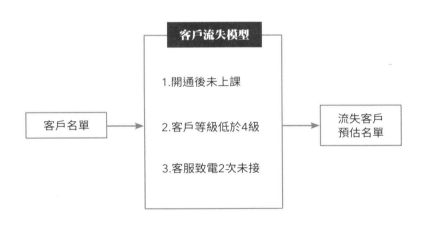

2-22　**客戶流失模型**

間、消費頻率、消費金額三個維度將客戶分成八個群，如果我們稍微將這個模型的目的調整一下，我希望能用RFM找出那些將要流失的客人。

相關的概念如上頁圖2-22所示，我們希望能透過客戶流失模型協助我們預估目前客戶中，有多少人即將流失。這個模型的三項參數分別是：

R（Recency），超過54天

F（Frequency），3個月內少於2次

M（Monetary），3個月內低於3,000元

接著我們便以這個模型作為過濾條件，去找出符合這些條件的客戶名單，而這批客戶名單便是經由模型識別出來的潛在流失客戶名單。

當我們掌握了這批名單，我們應該採取兩個動作：

❶ 針對這批名單進行關懷與挽留，盡可能的在激活這群客戶。

❷ 在後續的運營工作上，要盡可能的避免客戶滿足流失模型的條件。

按相同的概念，我們也能產出客戶回購模型來協助我們找出那些在一個月內會持續回購的客人，如2-23，面對這樣的客戶，新品促銷的資訊就變得非常重要。

好的模型，能協助我們更有節奏地去做好運營工作，而數據化管理，便是不停地從數據中找出規律，讓管理更加高效。

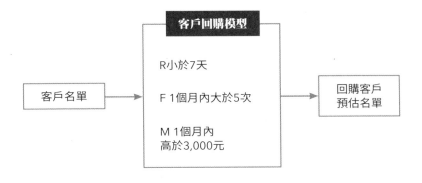

客戶回購模型

客戶名單 → R小於7天

F 1個月內大於5次

M 1個月內
高於3,000元

→ 回購客戶
預估名單

2-23　客戶回購模型

更有效的選品方法

　　選品，是許多電商平台關注的重點，大家都期待能選到大賣的商品，也就是爆品，但推出爆品的難度非常高，因為這除了選對商品外，還包含後續的行銷、議題、社群操作，如果你沒有強大的品牌行銷能力，那我建議你應該把爆品視為nice to have，而選對品，才是must have。

　　所謂的選對品，意味著所挑選的商品，能順利在特定期間內銷售完一定比例，不會有過多的存貨造成後續為了清庫存而做過多的折扣促銷。簡單的說，如果我選了一件男性外套，下單採購了500件，一週內賣了450件，預計兩週的時間可以賣完，兩週，銷售90%以上，這是我對男性服飾選對品的標準，那這個商品算是滿足標準了。

　　選品選的好，銷售自然省力，行銷成本會降低，整體毛

利也會因此提升，持續選對品，即便沒有爆品支撐，你都能維持不錯的利潤率，由此可知選品的重要性，但我們如何提升選品能力呢？在數據分析的幾個基本觀念談完後來補充說明再適合不過了。

其實能找出一些熱門商品趨勢的方式很多，包含從Google trend、站內搜尋、熱門商品、社群熱門詞、競品網站、各大電商的銷售狀況，都能看到一些蛛絲馬跡，而且你也應該持續關注。另外，我想跟大家介紹另一種**基於數據的選品方法**。

基於數據的選品方法

從本章所提到的分群、標籤化、精準匹配概念中，我們能獲得一些啟發，如果 eDM 可以與客戶透過標籤做到精準匹配，那商品是否也能運用一樣的方式匹配在一塊，將符合客戶需求的商品推薦給客戶嗎？

當然可以，這就是推薦系統的原型，廣告系統是透過匹配去找尋潛在客戶，推薦系統則是透過匹配讓客戶買更多，選品系統則是透過匹配在為採購前先算出可能的銷量，但如何做呢？

如果過去你是憑感覺在選品，我建議你可以參考以下步驟，優化你的選品流程。首先，在選品時先列好採購清單，但別急著下單，並為每個清單中的每個商品打好標籤，比如

是「上班族」、「西裝」、「25-35歲男性」、「韓系」，接著去匹配客戶清單中，有哪些客戶過去買過符合這些標籤的商品，通常能符合四個標籤的比例並不高，除非你過去的商品都是這種風格，因此，你也可以找出符合其中三個或兩個標籤的客戶，假設數量上分別如下：

四個標籤：300位

三個標籤：4,000位

兩個標籤：20,000位

一般而言，我們都會假設匹配到標籤數愈多的名單愈精準，轉化率通常也會特別高，因此匹配到四個標籤的名單轉化率通常會高於三個與兩個，假設轉化率分別是5%、2%跟1%，這意味著，如果這個新品上市後，若能有效的觸及這24,300位客戶，可以獲得的基本訂單數為：

$$300 \times 5\% + 4,000 \times 2\% + 20,000 \times 1\% = 295 單$$

若這個商品主要的TA是以舊客為主，或許採購270-350件的數量是安全的，其中的300件靠舊客回購，50件靠新客購買，若廣告預算還足夠，或許多賣100件也不是太大的問題。但我們從上面這個案例可以大概看到，既有客戶的購買狀況，可以做為未來我們推新品時的參考，有效的提高我們選對品的機率。當然了，對商品進行「打上標籤」，對客戶進行「分群」的工作你得先做，否則這個依賴數據的選品方法便與你無緣了。

06 依數據策略擬訂行動方案

這個章節我談論的許多與數據化管理相關的概念，或許你已經迫不及待想要應用在自己的工作上，但可以做的事情太多，不知道該如何下手。為此，我特別整理了過往我落實數據化管理的關鍵五步驟給大家參考，這五步驟分別是：

Step1. 依據策略提出數據需求

提出你要數據幫上忙的地方是什麼？你要數據回答你什麼問題？這個問題必須先能回答。

基本上數據能協助你找出你有疑問，但還不知道答案的問題，但若你連自己的疑問是什麼都講不清楚，那數據通常無法幫上忙。

過去我在BI（商業智慧Business Intelligence）年代，總是有人期待BI的Dashboard（儀表板）可以直接告訴他經營上所有的問題，然而現實是「BI只能讓你更清楚全貌」。到了大數據與AI的年代，仍有不少人抱持這樣的想像，我總會告訴大家：「如果有了大數據技術就能搞定

經營的大小事，那你還猶豫什麼？花錢買解決方案就對了。」但事實並非如此。

若你要開始做數據化管理，首先要思考的問題就是，你要數據回答你什麼問題？

Step2. 確認數據處理標的

有了清晰的數據需求，數據團隊就能從這樣的需求去討論他們要對數據做什麼樣的處理才能得到所需的資訊，可能是分析、匯總、統計等等，而處理完後的預計產出物我稱之為數據標的。

Step3. 盤點與彙整既有數據

有了預計產出物，接下來就是要實際去看看手邊的數據是否足夠了，在盤點數據時除了內部數據外，也要同時思考外部數據，當你盤點完內外部數據後，你應該先做一次基本的匯總動作，確認這些數據是否充足。

Step4. 盤點新數據採集需求

若數據盤點完後有所不足，那就要提出數據採集需求，並提列為數據行動方案。

Step5. 擬訂數據行動方案

將執行完上述程序後所提到的所有工作事項列為行動方案，有計畫、分工的逐步落實，如此才有可能讓數據開始幫上營運工作。

以下我便以一個實際案例來解釋數據策略五步驟：

從企業策略出發

若今天行銷部門的年度策略中有一項是「**落實精準營銷**」，目標則是「**提高客戶年消費金額（從 5,000 元→5,500 元）與成交率（從 3%→4.5%）**」，而在這樣的策略之下，行銷部門主管 John 認為以下四個行動方案會有助於達成這個策略目標，分別是：

❶ 實現交叉銷售，做 also buy 的交叉推薦

將電商平台很廣泛使用的交叉推薦機制用上，當顧客買了 A 產品後，告訴他其他買了 A 產品的客人也會連帶買 B 或 C 產品，藉此吸引顧客將 B、C 放入購物車中，例如買了衛生紙的客人，通常也會買牙膏，這個做法可以有效的提高客戶消費金額。

❷ 針對客戶做個性化商品推薦

與 1. 有點類似，1. 是針對商品與商品間的關係，這個項目則是找出相似屬性的客戶都買了哪些商品，例如 35 歲白領女性特別偏愛的口紅顏色或保養品品牌，John 的團隊認為此作法可以同時提高客戶消費金額與成交率。

❸ 新會員的單品折扣

為了有效地吸引新會員成交第一張訂單，藉此提高成交率，John 認為若能找出最能吸引新會員購買的單品做更優惠

的折扣能有效的提升成交率，並緊接著做第1和2點的交叉推薦與個性化推薦，客戶消費金額又可以因此提高。

❹ **舊會員的分級優惠**

針對舊顧客，為了有效活絡回購頻率，希望能開始發展會員機制，並對舊會員提供分級優惠，但目前不確定哪一類的優惠對客戶成效最好，最能誘發頻繁的回購，若數據部門能找出來，對於舊客戶消費金額的提升將會有顯著幫助。

John的團隊將他們的策略與目標做了上述的梳理後，便找了數據部門的James討論。在會議討論過程，John意氣風發的談論上述構想，並認為若數據部門能搞定上述的問題，行銷部今年就有很高的把握能讓業績達標，聽完John的陳述後，James問他：「**所以你希望數據能幫上什麼忙？**」

 ## Step1. 依據策略提出數據需求

John一時沒搞懂James所提出的問題，他本以為當他把他的需求提出後，James就該知道怎麼做了，但現實是James並不是那麼熟悉行銷領域的知識，精準營銷、交叉銷售、個性化推薦、會員分級等概念，對James與他的團隊來說太過陌生，雖聽懂行銷部門想做些什麼，但對於要用到哪些數據，或者要對數據做什麼樣的處理還是一頭霧水。

John聽完James的難處後，稍稍思考了一會，他緊接著問：「你們能找出A與B或C產品被同時購買的狀況嗎？例如買了A與B、A與C、A／B／C同時在一張訂單的狀況，或者某個顧客過去的購買記錄中，買了A與B、A與C、或同

時買A／B／C的狀況嗎？」

James：「應該可以，但如果要分析完全部的品項可能要花不少時間，是否可以先把暢銷品當A，我們來找出B、C？」

John：「可以。」

需求1：買了A與B、A與C、A／B／C同時在一張訂單的狀況，或者某個顧客過去的購買記錄中，買了A與B、A與C、或同時買A／B／C。

John：「那和個性化商品推薦的觀念其實很像，能幫我找出一樣屬性的顧客都買了哪些商品嗎？例如35歲的白領女性都喜歡什麼口紅或保養品。」

James：「35歲的女性這是一個群體，如果鎖定這個群體去找應該不會困難，我們只要找出顯著性就好，也就是說同為35歲的女性，他們買A品牌的口紅比例遠高於買B、C品牌，那就算是有顯著的偏好A品牌；同為購買A品牌口紅的顧客當中，35歲女性的占比也顯著高 ，那應該就符合你的需要了，對吧？」

John：「我想是的。」

James：「但因為客戶的群體很多，35歲白領女性只是其中一個群體，若要全部找出來必然得花一番功夫，我們能先聚焦在部分群體嗎？」

John：「那請幫我找出暢銷品目前的主要客戶族群，我想

應該是25-45歲的白領女性。」

James：「嗯，但我想中間有一定的困難性，就是年齡可能不太精確，加上我們很難判斷顧客是否白領，過去我們並沒有收集收入與職業的數據。」

John：「那先看看既有的數據能做到哪些吧。」

需求 2：針對 25 至 45 歲白領女性，找出買 A 品牌的口紅比例顯著高於買 B、C 品牌，與同為購買 A 品牌口紅的顧客當中，35 歲女性的占比也顯著高的資料。

James：「好的，那到目前為找我們已經談妥了兩項了，接著第 3 項。」

John：「這兩項就比較麻煩點，我們過去做過很多折扣方案，我只依稀記得有幾個單品折扣後賣得很不錯，但我是從總業績數字上觀察的，但沒有想過折扣的成效如何，你能幫我找出過去做過折扣的單品，在**有折扣與沒折扣狀況下的成交率變化**嗎？然後還要包含打的折扣數造成的成交率反應。」

James：「我再確認一下，你想要看的是 A 產品在 7 折、8 折、9 折，以及沒有任何折扣下的成交率表現嗎？」

John：「對，但可能只幫我抓出只有購買一件商品的訂單，因為我怕受到其他促銷活動影響，所以先排除多個商品在同一張訂單的狀況。」

James：「這可能性蠻高的，好的，那就如此。」

需求3：找出只有購買一件商品的訂單，從中比較各產品在不同折扣下的成交率表現。

James：「終於剩下最後一項了。」

John：「我們先前沒有會員分級制度，但如果我先把客戶分成三個等級，白金級、金級與銀級，分別以年度消費總額來區隔，大於10,000元的是白金級，大於5,000元的則是金級，5,000元以下的屬於銀級，這樣應該不會很困難吧？」

James：「這沒什麼太大問題。」

John：「過去舉辦過的優惠活動很多，滿千送百、累積紅利點數、現金回饋、買一送一、買五送一……我猜想應該有超過20種以上，但怎麼去定義哪種方式對哪類客戶最有效呢？」

James：「我們能先針對不同的折扣方案作定義嗎？或許有些客人比較偏好現金回饋或積點，而有些人則偏好直接折扣，我們能試著幫過去做過的促銷活動打上屬性標籤，再透過標籤的方式去分析。」

John：「標籤是什麼概念？」

James：「舉例來說，滿千送百的標籤可能是『滿額贈＋千送百』，滿5,000送800的標籤可能是『滿額贈＋5,000送800』，兩者不完全相同，但都有滿額贈的標籤，如果這兩個方案對同一個客人都有顯著性，即便千送百與5,000送800看似不同，但我們最少能找出這個顧客對滿額贈是有偏好的。」

John：「感覺可以。」

James：「我們會整理一下過去辦過的促銷活動，但會需要行銷部幫我們做標籤分類。」

John：「沒問題，但我們這次主要的對象是三種分級的會員，我們也會先針對與會員優惠有關的促銷方案作處理。」

需求4：先將會員分成白金、金、銀三個等級，並找出各分級會員偏好的促銷方案。

在第一步驟的關鍵工作是確認出數據需求，也就是具體要數據處理的問題，其實在討論過程中最麻煩的點莫過於行銷部門對數據的理解程度較低，而數據部門則對行銷領域的知識熟悉度較低，這個階段需求的溝通與引導是很關鍵的任務，但無論如何總是有了初步的結論，往下我們便進入到第二步驟。

 Step2. 確認數據處理標的

開完會，James帶著前一個會議整理好的數據需求回到座位上，開始思索在這些需求下，數據部門應該展開哪些工作，他分別將四項需求展開。

需求1：買了A與B、A與C、A／B／C同時在一張訂單的狀況，或者某個顧客過去的購買記錄中，買了A與B、A與C、或同時買A／B／C。

1. 找出所有的暢銷品清單，根據過去公司對暢銷品的定義，就是銷售數量＞50,000件的那些商品。

2. 找出所有購買暢銷品的訂單與顧客。

3. 分別以訂單與顧客為源頭去找那些商品同時出現的其他品項。

需求2：針對25至45歲白領女性，找出買A品牌的口紅比例顯著高於買B、C品牌，與同為購買A品牌口紅的顧客當中，35歲女性的占比也顯著高的資料。

1. 找出25至45歲白領女性顧客清單。

2. 找出上述顧客購買的訂單。

3. 分析這群顧客對暢銷品購買的顯著性。

需求3：找出只有購買一件商品的訂單，從中比較各產品在不同折扣下的成交率表現。

1. 找出訂單清單中商品數只有一件的訂單。

2. 找出做過折扣的單品清單。

3. 找出第1點的訂單中購買第2點單品的列表。

4. 針對上述的列表，分別比較各單品在不同折扣狀況下的成交率表現。

需求4：先將會員分成白金、金、銀三個等級，並找出

各分級會員偏好的促銷方案。

1. 彙整每個客戶去年全年的消費金額，並根據10,000
與5,000先將客戶分成三個等級。

2. 將促銷活動設定好對應標籤（行銷部負責）。

3. 分析不同等級會員對促銷方案偏好的顯著性。

James：「看來有好多事情要做，目前的數據狀況不知是
否足夠，直覺問題應該出在年齡、職業與收入那個環節中，
還是先請Jack他們來討論討論吧。」

 ## Step3. 盤點與彙整既有數據

Jack：「James，行銷部提出來的需求，我們大致看過
了，我們也盤點過目前我們擁有的數據，下面這是我們對此
案的看法。」

需求1：買了A與B、A與C、A／B／C同時在一張訂單
的狀況，或者某個顧客過去的購買記錄中，買了A與B、A
與C、或同時買A／B／C。

數據盤點：足夠。仰賴訂單與顧客數據即可。

需求2：針對25至45歲白領女性，找出買A品牌的口紅
比例顯著高於買B、C品牌，與同為購買A品牌口紅的顧客

當中，35歲女性的占比也顯著高的資料。

數據盤點：不足。若沒有顧客年齡與職業數據，現有的數據基本上無法獲得有意義的結果，我認為需要與行銷部討論如何收集到這些數據。

需求3：找出只有購買一件商品的訂單，從中比較各產品在不同折扣下的成交率表現。

數據盤點：足夠，仰賴訂單數據即可。

需求4：先將會員分成白金、金、銀三個等級，並找出各分級會員偏好的促銷方案。

數據盤點：足夠，主要仰賴訂單數據，但目前缺乏促銷方案的明確定義，這一點要待行銷部門提供。

James：「所以目前看來關鍵點還是顧客年齡、職業數據的問題，我明白了，我會與John討論如何往下進行。」

 Step4. 盤點新數據採集需求

與Jack討論完之後，James撥了通電話給John：「John，我們針對行銷部精準營銷計畫做過討論，大致上沒有太多的問題，但如同我會議中跟你提到，顧客的年齡與職業資訊我們沒有，這會影響到你所提出的第二個需求，能請行銷部想

想如何有效的收集到這些資訊嗎？」

John：「可以，我請我們部門規劃一個運營活動，用一些贈品或其他誘因吸引客戶來補齊這些數據。」

James：「好的，這部分再麻煩你了，如果可以，請給我一個計畫完成的時間。」

James掛上電話，動手寫下針對這個專案的數據採集需求。

需求1：買了A與B、A與C、A／B／C同時在一張訂單的狀況，或者某個顧客過去的購買記錄中，買了A與B、A與C、或同時買A／B／C。

需求3：找出只有購買一件商品的訂單，從中比較各產品在不同折扣下的成交率表現。

需求4：先將會員分成白金、金、銀三個等級，並找出各分級會員偏好的促銷方案。

不須採集

需求2：針對25至45歲白領女性，找出買A品牌的口紅比例顯著高於買B、C品牌，與同為購買A品牌口紅的顧客當中，35歲女性的占比也顯著高的資料。

採集

Step5. 擬訂數據行動方案

　　到目前為止，該做什麼，誰來做大致上都有譜了，最後一個步驟就是要把上述談到要做的事情給落實下去，也就是要成立專案並有效執行，在此我就不多做贅述了。

　　針對這個小節談到的案例與五步驟，我將它整理成下圖2-24，方便大家複習與檢視。

　　數據力這個章節到此告一段落，資訊量非常大，但這是商業思維的基礎知識，希望大家多花些時間閱讀與思考。

數據策略五步驟

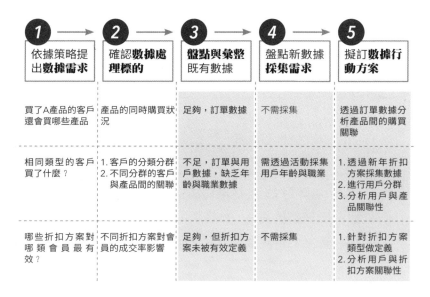

① 依據策略提出**數據需求**	② 確認**數據處理標的**	③ **盤點與彙整**既有數據	④ 盤點新數據**採集需求**	⑤ 擬訂**數據行動方案**
買了A產品的客戶還會買哪些產品	產品的同時購買狀況	足夠，訂單數據	不需採集	透過訂單數據分析產品間的購買關聯
相同類型的客戶買了什麼？	1. 客戶的分類分群 2. 不同分群的客戶與產品間的關聯	不足，訂單與用戶數據，缺乏年齡與職業數據	需透過活動採集用戶年齡與職業	1. 透過新年折扣方案採集數據 2. 進行用戶分群 3. 分析用戶與產品關聯性
哪些折扣方案對哪類會員最有效？	不同折扣方案對會員的成交率影響	足夠，但折扣方案未被有效定義	不需採集	1. 針對折扣方案類型做定義 2. 分析用戶與折扣方案關聯性

2-24　數據策略五步驟

CHAPTER

3

運營力

用戶、產品、內容
社群、服務、數據

數據力透過經營管理關鍵數據間的關聯，告訴我們企業經營的脈絡，並藉由數據的取得來獲取企業的現況。緊接著，我們要進一步掌握，**這些數據是透過哪些運營活動創造出來的**。

　　企業管理談五管，這五管分別是生產、銷售、人力資源、研發、財務，我們挑選最常被大家討論的運營活動——客戶運營為中心，來展開這個章節。

　　運營，英文是operation，英翻中應該是「營運」，包含公司內經營管理的大小事，而「運營」這個詞則是在中國互聯網興起後被大量地使用在產品、客戶與服務上頭，常見的運營分成幾大類：

用戶運營

　　所謂的用戶運營，就是你如何透過運營的手法，來達成用戶的拉新、留存、促活躍。

　　拉新：分兩大類，第一類讓產品新客戶的數量成長上去，這個應該相對好理解；第二類則是讓某一類客戶增加。這我解釋一下，如果你有策略性要讓客戶從某種狀態移轉到另一種狀態，比如原先買A產品改成買B產品，這種時候你可以說是為B產品「拉新」，但客戶總數其實是沒有改變的。

　　留存：客戶沒有流失且持續使用你的產品或服務，以電商來說，講的就是「回頭客」，若要以App來說，我們習

慣講「用戶黏著」，如果你的用戶裝完 App 後沒多久就卸載了，那就意味著流失了。

促活躍：是留存的進階，促活躍更強調互動頻率與深度，用戶一天打開 FB 十次，跟三天一次相比，你覺得哪個更活躍，大多數情況下答案都是前者，因為頻率更高。那何時我們會關注後者呢？如果你是內容型產品，有些用戶不會每天上來看你的文章，而是一周才上來一次，但每次上來都會把所有文章都看完，並且留下 comment 或撰寫筆記，這樣的用戶，互動頻率雖然較低，但很深入。

產品運營

如果你產品上線了一個新功能，你是會放在那等著用戶發現，還是會積極的希望用戶去使用它？一般來說，一個有經驗的產品經理通常會在新功能上線時規劃一些運營活動，想辦法讓客戶去使用那些功能或服務，因為唯有透過客戶的回饋，我們才會更清楚產品是否能滿足客戶需求，以及下個階段我們應該做什麼調整。

內容運營

內容運營跟內容行銷的觀念很雷同，重點在於將什麼樣

的內容，透過什麼形式，傳遞給正確的客戶對象，並進一步誘發他產生往下轉化的動作。嚴格來說，其實就是精準行銷的概念。

內容應該要差異化與個性化，這談的還是希望「精準」這件事，如果你發出去的eDM或訊息都是相同的內容，你很難期待用戶的打開率會高，而當你發了10則與我無關的訊息給我後，我就有很大的機率會把你給封鎖了。然而若收到的內容與我有關，我便會點擊，甚至購買，所以你必須要試著去差異化內容，確認什麼樣的人更適合收到這樣的內容。

此外，用戶收取內容的習慣方式也是重點，郵件、簡訊、LINE@、FB、wechat，你必須要能找出來哪一類的溝通方式更貼近用戶需要，到達率與打開率更高。

社群運營

社群泛指客戶群聚的地方，可能是LINE@、LINE官方帳號、FB粉絲團、社團，或者是其他線上與線下官方及非官方的各種圈子。

而這些社群的運作手法基本上既多元且多變，社群運營並不是只是單純發發文、推推訊息，而是需要進一步去思考**「如何藉由社群的運營來促使客戶對品牌的好感度與忠誠度提高」**，講白了就是讓拉新、留存、促活做得愈來愈好。

🏢 服務運營

這是比較少被提及的一種運營類型，但在我過去的經驗中，它屬於客戶體驗很關鍵的環節，因此我特別獨立出來，服務的運營基本上還是圍繞著客戶而生，什麼樣的客戶喜歡藉由什麼管道來取得服務？是電話、電子郵件、LINE、FB messenger？我們應該盡可能以客戶偏好的方式來服務客戶，才可能創造高滿意度。

上面這樣介紹下來，或許你已經發現，**整個運營的核心工作就是圍繞著客戶**，讓客戶正確的使用產品、給客戶對的內容、用對的方式與客戶互動及服務，其實這與數據力談到的脈絡是一致的，客戶是公司的命脈，企業內大多數的活動，本質上都是為了滿足客戶需求而生。

此外，前頭我反覆地提及精準與針對不同客戶提供差異性服務與內容，這必須仰賴數據支持，否則完全無法做到，因此我認為**數據運營將是大數據與 AI 時代拉開與競爭對手差距的有效武器**，沒有足夠數據的公司，在這個年代將難以規模化與精準化，而數據運營，恰可有效的補足這部分的落差。

🏢 數據運營

數據運營在網路上比較少人談，但我認為蠻重要的，它的重要性在於，當策略上需要仰賴某些特定數據或大量數據

才能做某些事情時，我們會需要讓數據快速累積，此時你就需要數據運營。

舉例來說，我們已經寫好了推薦算法，但因為數據量不足，所以推薦的正確率始終不高，此時團隊可以透過運營手法讓用戶去做某些事，迅速的將數據給累積起來，有了足夠的數據，推薦算法就能更精準的推薦。

再舉一個例子，當我們要做精準行銷，但手邊缺乏用戶的職業與年收入資訊，此時你一樣可以透過運營的方式，更有目的性的去讓用戶把這些數據給補齊。

就我的觀點來說，數據運營其實是相對底層的工作，他必須要緊密的跟數據團隊合作，確保公司能在數據的幫忙下有效管理，它的重要性絕對不亞於上述任何一種運營。

客戶、產品、內容、社群與數據運營，構成了運營的主要工作。過往幾年，台灣的互聯網與電商圈重視行銷甚過運營，因為過往獲取客戶的成本較低，企業主往往將資源擺放在獲取新客戶上，但隨著數位廣告成本愈來愈高，獲客成本不斷攀升，2017 年起，大家紛紛吹起重視客戶關係管理（CRM, Customer Relationship Management）與運營的號角，在進一步談運營的細節前，我想先花點篇幅跟大家聊聊流量紅利消失的原因。

01 流量紅利消失的年代

流量紅利為何消失？

首先，從有互聯網女王之稱的瑪麗‧米克（Mary MeeKer）在 2018 年發布的網路趨勢報告中我們可以看到幾個關鍵數據：

❶ 2017 年是智慧型手機出貨量首度零成長的一年，而網路使用者的成長也開始降低，2017 年只成長了 7%，低於 2016 年的 12%，我們可以解讀為「會購買智慧型手機的人，大多都買了」。

❷ 全球互聯網用戶的成長率，在 2010 至 2011 年達到高峰，接著開始衰退，在 2016 年有個反轉，緊接著在 2017 年出現了一個比較大的衰退，降到 7% 以下，我們可以解讀為「會上網的人，大致上都用了」。

❸ 全球的數位廣告的成長量大概以每年 5-10% 的速度在成長。而在台灣，這個數字大約是 20% 左右。

如果會買手機的人都買了，會上網的人也差不多都上網了，**意味著網路流量的瓶頸大約就是 40 億人**，往後每一年或

許只有不到5,000萬的成長，相較於2009-2017年間，每年以2至3億的成長速度來看，我們確實已經無法期望突然有一批龐大流量（用戶）湧入。

此外，**當數位廣告的成長速度超過互聯網用戶的成長速度，會出現什麼問題呢？**

簡單的說，就是有更多的人來跟你競爭這40億流量，所以**每家企業透過廣告能分到的流量或用戶注意力都會減少**，廣告效益降低，營收自然會受到影響，如果你要維持相同的業績表現，你在廣告投入的心力與成本就會上升，所以便會有**廣告愈來愈貴**的感覺，而流量紅利也是在這樣的狀況下宣告死亡了。

當然了，你也可以選擇把廣告投的更好，素材做的更有吸引力，在同一個池塘裡比其他人更有效的收割流量，但你不得不承認這個大池塘再也很難一次湧入大量的流量了。

存量與增量

在互聯網流量增速大於數位廣告增速時，透過廣告來獲取新客戶是相對容易的，但隨著流量紅利的消失，要獲取新流量、新客戶（增量）已經不再容易，所以有專家建議企業，若要穩固企業的銷售數字與經營，就要把重心放到既有流量、既有客戶（存量）的經營上。

為何強調存量？

存量，意味著舊流量、舊客戶，這些人對企業有一定認識與信任感，算起來是比較靠近自家池塘的那些魚，別人要搶相對沒那麼容易，所以我們應該好好把握住，讓還沒成交的成交，讓成交的繼續回購與推薦，並進一步讓客單價上升，千萬記得一個數字，新客戶取得成本，一般是舊客戶的6到10倍。

增量呢，難道就不重要了？

當然不是，不管你多會做CRM，服務做的多好，客戶每年仍然會以一定的比例流失，所以若你放棄經營新客戶，那總體客戶數量就會逐年下降，你最終還是會面臨衰退問題，因此增量市場也一樣要經營，但要把重點從廣告移往其他地方，諸如品牌、SEO、內容行銷等，簡單的說付費媒體（paid media），如付費廣告的經營力道會放輕，而自有媒體（owned media），如官網、LINE官方帳號，跟贏得媒體（earned media），如客戶口碑的經營力道則要加重。

付費廣告，是一種必然要經營的獲客方式，因為它會讓你觸及到過去沒接觸過的潛在客戶，但它同時也是一種高度競爭的獲客方式，除了競價外，還有可能被壟斷，因此不能過度依賴。

我認為，增量與存量市場需要齊頭並進，但增量市場的重點應該平均一些，不該過度偏重在付費廣告上。

從經營流量轉往經營流量池

從上述的增量與存量市場的經營，其實我們也可以看出舊流量與舊客戶的經營在過去並不受重視，雖然 CRM 與會員經濟這個概念談了這麼多年，但互聯網興起的這些年，大家已經營遍了增量紅利，所以壓根兒不是那麼在意這件事。有人說這叫「流量經營」，也就是傳統的銷售漏斗，屬於一次性的過程，相關概念可以參考下圖3-1。

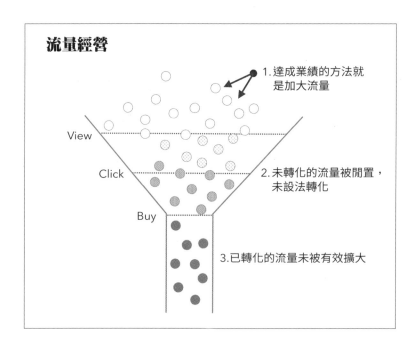

3-1 流量思維漏斗

在流量思維下，企業對提振業績的唯一方法就是**加大流量與提高轉化率**，這觀念本質上沒有錯，但它們錯就錯在以下四點：

(x) ❶ 達成業績的**唯一方法就是加大入口流量，而加大流量的唯一方法就是廣告。**

(x) ❷ 流量進來若沒有成功轉化成訂單的，**未曾思考過如何讓這些轉化到一半的流量再次被激活轉化**，有高達八成的企業，沒有試圖留下那些未成交流量者的名單資訊（包含email、電話、FB帳號、LINE帳號……），所以基本上無法再次利用。

(x) ❸ **對於手邊的名單，唯一的操作方式就是發 eDM，**而且是不問對象的全面發送，所以得到的成效都極差。他們告訴我：「eDM 發出去能成交的都算賺到，正常來說能有個位數訂單就不錯了。」此外，對這些名單就沒有其它運營手法了。

(x) ❹ 對於**已經成交的客戶，未做有效的運營，無法讓客戶開始使用，持續使用，獲得成效後發生回購與推薦。**也未曾思考對客戶做交叉銷售或 up-selling 來提高客戶單價。

那流量池經營又是什麼概念呢？我想用下頁圖3-2來表示：

(o) ❶ 對新流量獲取的重視度下降，尤其是付費的流量，更多的把焦點放在既有流量上。

(o) ❷ 運用數據與技術手法來持續提高轉化率，不論是改善用戶體驗或用a/b testing等手法，**全面性思考產品、行銷、網站、文案、素材等各層面**，而不會單單思考文案或廣告素材。

(o) ❸ 對於那些**未成功轉化成訂單的流量持續運營與開發，不斷努力讓這些流量往漏斗的下個階段轉化，直到成為訂單為止**。要做到這件事，其中一個關鍵的要素就是要能掌握這些流量，我們必須**盡可能讓客戶留下名單**，因為有了名單才有機會與這些潛客做進一步接觸。

(o) ❹ **對於已經成交的客戶，要不斷提高他的終生價值（LTV）**，企業必須持續運營，確保他們對產品與服務滿意，對品牌抱持正面觀感，並主動去創造回購與推薦，而非被動等待客戶自然回購、推薦。而我認為核心的關鍵就是讓客戶在用產品的過程中得到他想要的，偏離這點，客戶的留存就會出問題，也別期待他會回購與推薦了。

花了一些篇幅解釋流量紅利消失的原因，以及何謂流量池經營，相信各位讀者已經清楚，為何客戶的運營在近兩年逐漸成為顯學，因為這是企業一個不得不努力的方向。

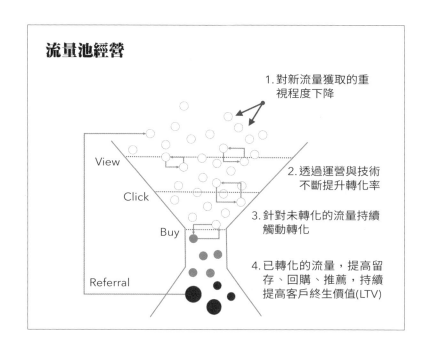

3-2　流量池思維漏斗

02 客戶生命週期
認知、訴求、詢問、行動、倡議

　　一個人從潛在客戶成為客戶，並持續為企業貢獻營收，不斷累積客戶終身價值，最終離去的這段期間，我們泛稱為客戶生命週期（Customer Life Cycle）。在《行銷4.0》這本書中，行銷大師菲利浦・科特勒將客戶生命週期劃分成五個階段，合稱5A，分別是：

　　Aware：**認知階段**，客戶藉由廣告、行銷或他人推薦的方式對品牌或產品有了基本的認識。

　　Appeal：**訴求階段**，客戶認知到幾個品牌後，會對少數幾個品牌留下深刻印象，此時正是品牌運用一些運營手法或產品體驗增加客戶印象的機會。

　　Ask：**詢問階段**，基於好奇心，客戶會開始積極上網查詢、主動電話詢問，或者透過朋友來獲取品牌的進一步訊息，可能會開始進行多項產品的比較，甚至到店試用產品。

　　Act：**行動階段**，意味著客戶通過了漫長的銷售階段，最終成為品牌的客戶。

　　Advocate：**倡議階段**，或稱推薦，當客戶在使用產品後獲得期望的效果，對服務與產品都感到滿意，並且願意將品

牌推薦給其他朋友。

其實這個架構與成長駭客的AARRR模型以及日本電通所提出的AISAS模型有諸多相似之處，三個模型都不僅僅著眼於成交，更強調成交後是否發生推薦與分享行為，我們可以說，近年來幾個針對客戶的重要行銷理論，最終殊途同歸走在一塊了。

而我，更喜歡使用《行銷4.0》的5A結合我個人對運營的理解，最終形成下圖3-3的客戶運營生命週期。

客戶運營生命週期主要分成三個階段：

客户獲取（Acqui sition）、客户留存（Retention）、客户忠誠（Loyalty）。

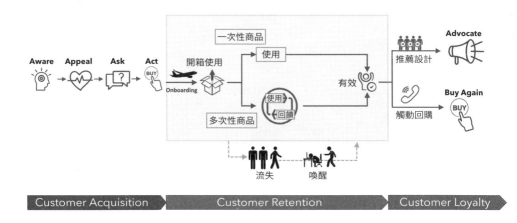

3-3　**客戶運營生命週期**

 **客戶獲取**

即 5A 架構的前 4 個 A，從觸及客戶、誘發興趣直到客戶購買為止，如圖 3-4。

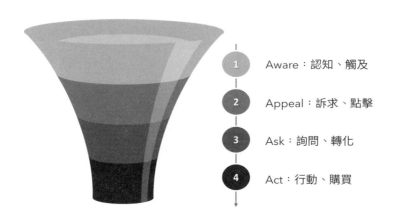

1　Aware：認知、觸及

2　Appeal：訴求、點擊

3　Ask：詢問、轉化

4　Act：行動、購買

3-4　**客戶獲取漏斗**

 **客戶留存**

這是整個生命週期中較為複雜之處，在客戶購買產品後，通常會有首次使用，這個動作我稱之為 on-boarding，這是留存的關鍵動作，若客戶沒有開始使用，往後的其他行為都不會發生了，相關的細節我將在下個小節中深入說明。

留存階段一般就是成交後到客戶使用了產品，並獲得它期待的效果後，繼續產生往下的回購與推薦行為。

客戶忠誠

　　客戶忠誠主要體現在兩個地方，第一，他自己持續回購會續訂產品或服務；第二，他爲我們推薦其他客戶，或者將我們推薦給他人。

　　運營的工作，其實就是在每個客戶階段，都爲客戶設計好主動與被動的互動點，讓客戶一步步按著我們的期待前進。

03 客戶留存的關鍵
首次使用、建立習慣

　　針對客戶獲取，在數據力時其實我們已經討論到許多案例，而成長駭客模型我相信各位讀者也多少都聽過，故此，這邊想把重點放在較少人提及的「客戶留存」上，而這也是實務上最常被忽略的地方。

　　往下我先與大家討論兩個真實案例。

　　我有個銷售健康食品的朋友 Jack，有次跟他閒聊時他提到了客戶回購這件事。

　　Jack：「我做電商銷售健康食品已經 2 年多了，目前每月營業數字也破百萬了，但回購率一直上不去，去年努力了一整年，回購率好不容易從 10% 提升到 15%，但感覺已經是極限了，最近在想到底要不要調整一下產品。」

　　Gipi：「你做了什麼？為什麼會覺得是產品問題？」

　　Jack：「該做的促銷都做了，回購的折扣我覺得也很不錯，但回購就是上不來，所以覺得很可能是產品有問題。」

　　Gipi：「剛剛簡單查了一下，網路上似乎沒有什麼負評，感覺不是產品問題。」

　　Jack：「但目前實在想不到其他原因了。」

　　聽完他的描述，我問他：「**客人們買回家後有沒有開封**

吃，或者持續吃，這個你清楚嗎？」

Jack：「這不確定，但應該都會吃才對。」

Gipi：「這樣吧，請你從那些應該回購卻沒有回購的客人名單中挑選100位，打電話逐一跟他們確認兩件事：第一，確認他們是否有開封，第二，確認他們是否有吃完。下個禮拜我們再來討論你收集回來的資料。」

結果不到三天，我接到他的電話。

Jack：「真的被你猜到，**客人有85%左右是還沒吃完的，而這些客人裡面有20%甚至連開封都沒開，只有15%是吃完但沒有繼續回購的。**」

Gipi：「吃不完，當然不會回購，即便是促銷，成效都很有限，所以你的重點應該是放在讓客戶開封使用，並養成固定吃的習慣。」

　　第二個案例，是我先前負責的線上學習平台，其實學習類產品與保健食品之間有兩個顯著的相似性，第一，都是屬於重要而不緊急的商品，短期間內不學、不吃也不會造成重大傷害；第二，都不是用一次兩次就會產生效果，而是必須使用一段時間才會漸漸看到成效。

　　當時我們從數據中建立了流失、回購與推薦模型，流失模型告訴我們，一堂課都沒上的用戶，對比有上一堂課的用戶，退費率高達N倍；而回購與推薦模型則告訴我們，使用者上課頻率的穩定度高度關聯於回購率與推薦率。

　　在這些前提下，我請產品與運營團隊思考，在客戶生命

週期中，我們存在哪些斷鏈？我們又該如何解決？請試著提出可能的方案，第一次提案時，他們認為改善用戶引導功能會有助於用戶完成首次上課，但如何讓用戶持續上課這問題暫時沒有方向，聽完後，我問了他們幾個問題：

「假設使用者連上網打開我們產品都沒做，優化了引導功能有什麼作用呢？」

「用戶上完一堂課，我們如何確保他會上下一堂呢？」

經過約一個小時的討論後，運營主管針對首次使用提出了一個很不錯的做法，他說：「可以讓電銷業務在成交後直接幫用戶訂好首次上課的時間，並讓服務人員在上課前兩天與當天聯繫客戶，確保使用者能完成第一堂課。」。

這個建議很好，跳脫了產品的邊界限制，將其他資源也拉了進來。

產品經理針對讓使用者持續上課這件事也提出了他的看法，他說：「我們必須要建立訂課閉環（Closed loop，詳情見p.130），過去我們的流程是訂課、上課、課後練習，但用戶何時會訂下一堂課呢？這我們一點把握也沒有，若是我們**將流程調整為訂課、上課、課後練習，再訂下一堂課**，這樣就形成了閉環，用戶就能一堂一堂接著上了，習慣就容易養成。」

閉環，這個觀點讓人豁然開朗，是的，如果客戶的所有行為都能形成閉環，那建立習慣就不是問題了。

往下，就讓我們來談談前兩個案例中談到的兩大重點：首次使用與建立習慣。

首次使用：On-boarding

習慣上，我會把客戶的首次使用稱為On-boarding，其他雷同的詞還有AHA Moment或First Success。

首次使用的關鍵點有二：
1. 開始使用產品或服務
2. 確保獲得正確的體驗（AHA、Success）

「用戶買回家後有沒有用，我怎麼有辦法決定？」這是我時常被問的問題，我的答案也蠻簡單的：「只要你想，逼都要逼著客戶用。」

如果你是線上課程，你如何確保客戶開始上首課？如果前面所說，你可以在成交當下馬上幫客戶訂好第一堂上課時間，然後在課程的前兩天與當天都打電話提醒他記得上課。

如果你是健康食品，你可以透過電話回訪的方式，提醒客戶務必記得吃，如果他是現場購買的，可以請他現場拆封，親自跟他解釋食用方法與頻率。

如果你是健身中心，就讓他在繳錢的當天，親自帶他用用每個器材，讓他有個好的開始。

「為什麼要盡快？」

因為客戶往往在那個當下動機最強，立刻用，有效，會增強動機。

「為什麼要親自帶他做一次？」

這是為了確保客戶正確的使用產品，獲得產品所要帶給他的體驗。這意味著，只要你能讓客戶盡快且正確的使用，基本上就是一個好的 on-boarding design，**若客戶已正確的使用，但卻沒有獲得他應得的結果，那問題可能出在產品或服務本身，而非運營。**

讓客戶盡快使用的常用方法，撇不開現場使用、售後電訪、預定服務、7 日鑑賞期、開箱優惠等。而讓客戶正確使用的常用方法，諸如用戶導引、說明書、開箱文、電話客服、Chatbot 等，只要能協助客戶在開封後正確使用的工具或方法，基本上都算。

至於你的產品適合什麼樣的做法？這問題涉及你的產品特性、使用場景、利潤與成本問題，前面兩者屬於產品與用戶體驗設計領域，本文不多談，但我會在最後跟大家談一下從利潤與成本角度，如何思考合適的運營方式。

如何衡量客戶行為的正確性？在此先簡單解釋一下 AHA Moment。

AHA Moment 指的是新客戶**在首次使用產品時，體驗到產品的核心價值時，不期然發出「AHA」（啊哈）的驚喜讚嘆的時刻**。更直白的說，就是客戶用到了某個功能，他真心覺得這個產品對他有價值，跟其他產品不同。舉例來說，一些知名軟體或服務的 AHA Moment 分別是：

Slack：團隊內部發送 **2,000 條信息。**

Dropbox：在用戶的一台設備上裝了 Dropbox，並且上傳了一個文件。

Zynga：用戶註冊後，第二天還返回使用。

Twitter：關注了30個用戶，有一定比例的人也關注你。

Facebook：用戶7天內加了10個好友。

LinkedIn：一週內建立4個聯繫人。

看完上述案例，回想一下你在用這些服務的過程，它們是不是都嘗試在導引你往AHA Moment走呢？我想，這是必然的，因為AHA Moment某種程度與用戶的留存與否具有極強關聯，若無法在第一次使用時讓你感受到它的核心價值，用戶很容易就流失了。

AHA Moment在軟體服務領域比較常被談到，在實體商品上反而時常被忽略，而這也是許多商品明明品質很不錯，但回購表現始終不佳的關鍵原因。請回頭看看前面的健康食品案例，當客戶連開封都沒有，或者開了卻不按時吃，這樣的客戶，基本上很難期待他再次購買的。

但要如何找出AHA Moment呢？請仰賴數據，在數據力中我有談到關於統計分析與模型的概念，你可以分別去觀察客戶在不同的行為表現下的留存率，以下我舉一個實際的例子：

第一個例子，健身房，你可以以每週出席天數作為參數來觀察客戶的留存率：

開始的一週來一次，下個月續費機率30%。

開始的一週來兩次，下個月續費機率70%。

開始的一週來三次，下個月續費機率80%。

開始的一週來四次，下個月續費機率82%。

開始的一週天天來，下個月續費機率95%。

從上述簡單的統計數字，我們可以看到來一次與兩次的客戶，續費率從30%大幅跳升到70%，若70%是一個可以接受的比例，那你便可以先將AHA Moment設定為「開始的一週來兩次」。

當你明白On-boarding的重要，也明白了數據可以輔助你找出AHA Moment，在此建議各位。一定要花點時間去了解客戶的使用狀況，並規劃一個恰當的On-boarding流程。

建立習慣

客戶習慣的養成是一個大工程，可以舉的案例也很多，不過本文並不探討這些常見的案例，我主要想聚焦在三件事情上：**閉環、建立預期與排定計畫。**

閉環（Closed Loop）

這篇文章開頭的案例中我提到了線上課程的案例，在那個案例中我想解決的核心問題是：「客戶上完一堂課，我們如何確保他會上下一堂呢？」

過往在未建立閉環前，我的心裡一直有一個疑問：「客戶上完一堂課，但下次何時再上呢？」客戶在養成學習習慣前，要他自動自發的每一週上來上三次課，難度非常高。

今天客戶好不容易來上課了，要盡可能的讓他上完一堂課，心情仍在亢奮時，接著訂好下一堂課把「訂課 → 上課 → 練習 → 訂課」這樣的循環給建立起來，這就是我所說的訂課閉環。一旦閉環建立起來，客戶的行為容易被制約，一段時間後就會養成習慣，學習成效才會出現，客戶的續訂與推薦才會自然的發生。

閉環設計其實並不新奇，回想一下你過往的經驗，回購設計本身就是一種閉環。分為以下幾種：

優惠：本次消費後買千送百，但這些優惠券下次消費才能使用，而且限定特定時間內。這大部分出現在餐廳。

會員卡：辦會員卡往後消費打折，下次再來就是打折，所以在習慣與價格的選擇下，下次可能就還是會回同一家店。

預約下次服務：現在很多診所會使用的方式，這次檢查完牙齒，他會跟你說半年後還要回診再檢查一次，直接幫你安排好下次的時間。

規劃成 program：很多療程或課程會以系列的方式出現，並非單一次服務就完成，而是分成多次，讓你多來幾次，久了就成了習慣，這跟「預約」其實很相似。

有些商品的特性並非用一兩次就會見效，例如化妝品、英文課程等，而是需要使用一定次數後才會出現一些成效，客戶流失不是因為產品不好，是客戶的耐性有限，為了讓這些沒耐性的客戶願意靜下心來好好使用產品，有個常見的做法就是**建立預期**。

建立預期

先告訴你最少要用三天才會有一點點效果，七天後效果才會顯著，讓你心裡有個基本的預期，而不會覺得用一次就該有效。當你心裡有了預期心理，除疤的動機又足夠強，那你就會乖乖的使用三五天再來看成效了。

你看看這些化妝品都是透過這種方式來為使用者建立預期的，「早晚各一次，持續28天，每次5ml，均勻塗滿全臉，並輕壓按摩5分鐘，您將擁有透嫩光感肌膚」。

當使用者心裡預期已被建立，而你又有良好的閉環設計，接著的考驗就是產品本身是否真的能帶給客戶價值了。若客戶真按你說的抹了28天，但沒有明顯的美白效果，那或許意味著你的產品沒效，或不適合這位客戶，這時客戶流失就是一件很正常的事。

排定計畫

如果今天晚上八點鐘有空，你會想做些什麼？看美劇、刷抖音、耍廢、滑Facebook……總之排在前頭的，通常不會是學習、上課。為什麼？因為人往輕鬆的事情去選是很正常的，學習那麼辛苦，非不得已是不會做這個選擇的。

但如果行事曆上已經排好晚上八點鐘要上線上課程呢？排好的行程會形成一種非正式的約束，是你對自己的承諾，而跳出的提醒則會強化這個約束，你履行該計畫的機率或許就提升到50%了。

每次有人跟我提一個長期努力的目標時，我總會問他：「有計畫嗎？一個月內要達成什麼？三個月又要做到什麼呢？」

如果他給我的答覆是「沒有計畫」，我多數會認為他說說而已，除非他是一個自我驅動力極強的人，否則沒有計畫就沒有約束，一個自驅力弱的人，在缺乏約束的狀況下，要靠自己達成長期目標不是說笑嗎？

在成交後，所有的運營工作請圍繞在「讓客戶感覺產品有效」，獲得了他原先其他的結果，這才是留存階段的關鍵成本。

04 客戶忠誠的兩大任務
回購與推薦

經過客戶留存階段，客戶基本上已經從產品中獲得成功，且對品牌產生了一定的認可，緊接著，就是提升客戶忠誠度，讓客戶自己買更多，並且爲我們介紹更多的客戶，這個小節要跟大家聊聊**回購設計**與**推薦設計**。

回購設計

台塑創辦人王永慶先生年輕時有段軼聞，很好的反應了他超卓越的運營能力。

王永慶年輕時賣米，總是親自送米上門，而他有一本小本子，上面記錄了每家顧客家裡有多少人，一個月吃多少米，何時發薪水。他每天會察看本子，算一算顧客家的米應該吃完了，就主動將米送上門，並等待客戶發薪水的日子，再上門收米款。

這就是那個年代的精準運營，百分之百個性化，他這樣做有兩大好處，第一，**主動創造回購，而非等待回購**，米這種東西就是生活必需品，吃完了非得要再買，但在你跟我買

之前我先送來了，完全不用擔心生意流失掉；第二，顧客可能月底時吃完米，但此時手邊剛好沒錢買米，**米先送來，等你發薪我再收費**，這樣用心的服務，在那個年代會有哪個客戶不跟他買。

王永慶年輕的年代，客戶數量不會太多，而且只做周邊生意，加上是生活必需品，因此回購的週期相對好掌握。然而，在網路時代，生意規模不可同日而語，一家小公司的年營業額可能都破億，客戶數量可能上萬人，我們要如何有效掌握每個客戶的回購週期，並定時將商品送到他面前，主動創造回購呢？

再往下看之前，請先思考一個問題，**我們的產品是客戶定期需要的嗎？**

如果客戶買過一次後根本不會再次購買，或者購買的時間間隔非常長，這就導致回購週期的推算困難，自然也很難主動出擊創造回購。

回購週期最好掌握的產品大多是**契約制服務**，每月、每年固定時間到了就會發生，例如報紙、Netflix 服務、健身房等，這類商品的回購的週期基本上很好掌握，因為時間到就該回購了。

然後是**使用頻繁的生活必需品**，例如米、衛生紙、化妝品等，這類商品每位客戶的使用頻率與數量都不同，因此必須為客戶進行分群運營，比如 RFM（請見 p.89），必要時還可像王永慶一般，每個人差異化對待。

再來是**使用期長的生活用品**，例如掃地機器人、電腦、

汽車⋯⋯等，這類商品商品本身不易耗損，因此使用週期大多以年為單位，但因周邊耗材或衍生服務眾多，因此我們會將回購的重心放在周邊商品與服務的上頭。

最難掌握的是**非生活必需品或保固期長的商品**，例如名牌包、大型家電等，這類商品的回購週期大多以年為單位。一般而言較少主動出擊運營，而是偏重在品牌與商品品質的經營上，藉由口碑來獲取更多新客戶。

在產品單一、商業模式單一的狀況下，回購大多只能仰賴早鳥優惠、買愈多愈便宜的方式來進行回購觸動，但若產品本身的多元性足夠，我們將有機會突破這種回購限制。以下介紹幾個相關的案例給大家參考。

小米的低頻變高頻戰略

雷軍曾說過，他一開始只賣小米手機，後來發現手機屬於購買頻率較低的商品，客戶回購週期太長，也就是購買過的客戶，短期不會再買了，因此這些人，短期不會對公司的營收帶來太多貢獻。然而營收始終還是要達標，缺乏舊客回購，只好不斷的開發新客戶，並透過「米粉」來擴散口碑，然而經過一年，鋒頭期過了，這樣的戰略顯然無法支撐下去。他後來提出了讓小米客戶的消費，從「低頻變高頻」。

什麼叫低頻變高頻？在過去幾年中，小米投資了不少生態鏈企業，將許多產品納入小米麾下，包含行動電源、小米手環、耳機、平衡車、電鍋、自行車，品類與品項眾多。小米之家現在有20至30個品類、200至300件商品，所有的品

類1年更換一次，客戶每隔半個月進店，都會有新鮮貨。雖然手機、行動電源、手環等商品是低頻消費品，但是**將所有低頻加在一起，就變成了高頻。**

亞馬遜的 Prime 會員戰略

另一個深諳此道的是亞馬遜的貝佐斯（Jeff Bezos）。在亞馬遜上的商品數量遠超你的想像，商品價格便宜公道，基本上具備了所有低頻變高頻的基礎，但這還不夠，亞馬遜在2005年開始推出 Prime 會員服務，一年只要99元美金，便能享有快遞免運費兩日達的服務，這項服務在當年運費昂貴的年代，根本就是一項做愈多虧愈多的服務。

然而，根據2017年的會員與非會員的消費數字顯示，會員的每年的消費金額為1,300美金，非會員則為700美金左右，這意謂著會員的終身價值，幾乎是非會員的兩倍。

成為 Prime 會員，先花了99美元，為了避免浪費，客戶在心態上就會覺得不用白不用，一定要買些東西要亞馬遜送來，然後好好享受免運的快感，這樣的心態變化，讓原先的高頻客戶，變成超高頻，一般客戶則成了高頻客戶。

當然了，這樣的做法也並非毫無缺點，2017年，亞馬遜的物流成本已經高達217億美金，以一億會員來算，平均每位會員的物流成本是217元美金，超過會員費99元美金的兩倍，但貝佐斯仍認為為會員提供超乎預期的服務有助於創造與客戶的良性循環。這一點，值得我們觀察下去。

推薦設計

所謂的推薦設計（Referral design），就是規劃好一個方案，請既有客戶將產品推薦給其他人，或者推薦其他客戶給我們。關於推薦設計，你可以在Google中輸入「客戶推薦計畫」，你就會看到一大堆各品牌的推薦計畫，以下我們舉幾個案例給大家參考。

台灣Tesla

以下內容為2018年11月時擷取自台灣Tesla官網，Tesla車主可透過個人推薦碼提供最多五位親友在購買全新 Model S 或 Model X 時，享有4,500元的購車優惠。

參與推薦計畫者，推薦1位朋友，我們會將你的相片送到外太空軌道；推薦2位朋友，可獲得Tesla CEO Elon Musk簽名的黑色壁掛式充電器或Tesla 價值15,000元的優惠點數，用以支付各種配件；推薦3位朋友，將可免費體驗一週Model S 或 Model X；推薦4位朋友，將可優先獲得軟體更新；推薦5位朋友，將受邀參加Tesla未來舉辦的產品發表會。

Aribnb

Airbnb發放旅行基金鼓勵現有用戶邀請朋友，當朋友接受你的邀請並開始使用Airbnb，你們雙方都獲得旅行優惠。官網的說明如下：推薦好友加入 Airbnb。好友註冊後可獲得價值 $1,100 TWD 的旅行基金，他們完成旅程後，您也可以獲得

$550 TWD 的旅行基金。此優惠僅提供 Airbnb 新房客使用！

 **Dropbox**

只要邀請好友使用 Dropbox，即可贏取額外儲存空間：每次使用 Dropbox Basic 帳戶介紹一名好友，即可獲得 500 MB 的儲存空間，最多可得 16 GB 的儲存空間。

每次使用 Dropbox Plus 或 Professional 帳戶介紹一名好友，即可獲得 1 GB 儲存空間。最多可得 32 GB 的儲存空間。

除了客戶自發性的口碑推薦外，提供誘因請客戶幫忙推薦也是一個非常常見的方法。

不管是回購或推薦，期待它自然發生未免稍嫌被動，最好的方法是掌握了產品與客戶的習性，主動出擊做好回購與推薦設計。

05 把名單當資產管理，隨時掌握當下的狀態

　　在本章的開頭，我們談論到流量紅利消失，企業應該把重點放到流量池上，因此除了積極擴大成交客戶的終身價值外，也該持續對未成交的對象進行運營，讓他們最終成為我們的客戶。

　　在電商尚未蓬勃發展前，擴展生意的方式有三種：第一種，有一間店面，客人自己上門來；第二種，透過電話，在電視、報紙或雜誌中打廣告，留下電話號碼，吸引客戶主動打來詢問產品；第三種，交換名片，藉由名片上的聯絡資訊，主動聯繫客戶。

名單管理

　　在電商蓬勃發展的這十年間，我看到多數的新企業都是採取第一或第二種，有個網站或實體店，透過各種廣告渠道，將客戶引進來，這樣的作法在流量紅利時代完全可行。

　　然而近幾年紅利期已經消退，我們該重視第三種主動出

擊的做法，而要主動出擊，首先你得要有客戶的聯絡資訊，也就是**名單**。

過去一年多，我爲許多間中小企業電商提供諮詢服務，我問他們都如何處理這些未成交的名單，得到的答案讓我驚訝，大多是「通常就是有活動時會做一次全面性的 eDM 發送」，我緊接著問：「通常成效如何？」，得到的答案大多是「很差，但就多少有一些業績進帳」。

聽到這樣的答案其實我一點也不意外，因爲多數企業並不重視這些過去「開發失敗」的名單，認爲它們商機很低。

若我進一步問：「那些經由廣告或其他方式進到我們網站的潛在客戶，我們通常何時會取得他們的聯絡方式？」，我得到的答案大多是「加入會員」或「結帳時」。

以圖 3-4 來說（請見 p.122），主動取得客戶聯絡資訊的動作大多發生在 Act 階段，但我建議最少要從 Ask 階段就想辦法將客戶的聯絡方式留下，甚至在 Appeal 階段即開始，若客戶已經進到我們網站，或多或少對我們的產品是感興趣的，但當下可能因爲價格或其他因素而沒有進入 Ask 階段，仍該引導他留下聯絡資訊，讓我們有機會主動與他聯繫。

不管是 B2B 或 B2C 銷售，名單的管理都是關鍵，沒有名單就很難有業績，已經花錢換來的流量千萬不要浪費，這些流量如果當下無法成交，最少最少要讓他們留下聯絡資訊，這是流量池經營的第一道關卡。

把名單當資產

前一段落，我提到舊名單，許多人看待舊名單的態度是沒商機。但我建議大家調整一下思維，增加兩個字——**當下**。也就是當下沒商機，這些曾經開發過，但失敗的名單，只是當下沒商機，並不代表現在沒商機。

舉例來說，過去我曾跟業務部門溝通關於舊名單的問題，我說：「兩年前曾開發過一個客戶，這個客戶當下並未成交，因此變成了舊名單。現在我隨機給你一筆新名單，這兩筆名單，你認為哪一筆的成交率更高一些？」

多數的業務員都選擇了新名單，我緊接著補述：「那筆舊名單，客戶年紀是24歲，剛出社會沒多久的新鮮人，當時沒成交的主要原因是價錢，以及需求性尚不強烈。但隨著時間推進，他現在已經26歲，有出國或去外商工作的需求，此時他也付得起錢了，各位覺得這比舊名單的成交率會低於剛剛那筆新名單嗎？」

此時大家會紛紛改選這筆舊名單。這不是一個特例，而是一個通則，**時間本身就是一個重要的維度，隨著時間的改變，客戶的狀態也會改變，而狀態的改變，連帶的也會影響到客戶需求**，若我們能掌握客戶狀態的改變，在正確的時間出手，潛在客戶便有可能成為真正的客戶。

我曾帶領團隊在公司內進行舊名單的運營工作，藉由eDM、簡訊、免費服務等各種方式嘗試與數百萬的潛在客戶

溝通，並透過點擊、瀏覽、轉換等行爲來識別客戶的狀態與偏好，進而改善了舊名單的成交率達4至6倍。

過去業務部門對於名單的需求高，而且特別偏愛新名單，總認爲新名單一定比舊名單好，因此在名單的開發順序上，通常是客戶**推薦名單、原生流量、高質量付費通路、低質量付費通路**，如果都打完了，首先會繼續要求行銷部門提供更多的新名單，除非沒有新名單，否則絕不拿舊名單出來開發。

但隨著舊名單的運營趨於成熟，業務部門開發的順序變成**推薦名單、原生流量、高質量付費通路、舊名單、低質量付費通路**，舊名單會比很大一部分的新名單先開發，而隨著舊名單的數量愈來愈多，低質量付費通路的比例就會愈來愈低，整體的名單取得成本也因此降了下來。從這個角度來看，名單真的是非常重要的資產，尤其是舊名單，但上述案例中，最難的是**如何掌握客戶當下的狀態呢**？往下，我就跟大家分享過去我們是如何運營這些舊名單的。

舊名單的運營方法

在數據力中，我曾跟大家談到**分群、標籤化、精準匹配與統計模型**等四個觀念，這四個觀念不管是用在客戶或名單上，都是非常有效的。

舉例來說，若我們將現有客戶進行分群，發現「25-30

歲的雙子座女性」是所有以年齡、性別、星座分群中占比最高的,而且高出第二名5%以上。而過去,我們並沒有特別針對這個族群做差異化行銷,意味著整個名單池中,這群人的比例並沒有特別高,但最終轉化成客戶的比例卻高出其他族群,這意味著25-30歲的雙子座女性這個族群的成交率比其他族群更高。

從精準行銷的角度,我要到這群人常出沒的通路去做生意,廣告也要特別針對這群人,因為她們更容易成為我們的客戶。而同樣的概念,我們也可以去找出舊名單中,年齡介於25-30歲的雙子座女性,按理來說,成交率應該也會比隨機挑選來的高。

在分群上,常見的是針對銷售階段來劃分:

留下名單。這群人雖然留下名單,但當我們主動與他們接觸時,得到的回覆要不就是沒興趣,要不就是誤填了,這一群人占的比例通常最高。

預約服務。這群人不只留下名單,還花了時間了解過我們的商品,甚至主動詢問過商品的細節與價格,也預約了服務,但最後沒有實際體驗服務。

體驗服務。預約了服務,而且體驗了該次服務,但最後沒有成交。

支付頭款。體驗過服務,而且支付了頭期款,但最後沒有繳清完整的款項。

上述是一個基本的銷售階段,每間公司的狀況可能都不

同，但大致的概念是如此，按銷售階段來說，通常愈後面階段的在當下愈接近成交，那是否意味著若要再次開發，我們也應該以**支付頭款**、**出席服務**這兩群人下手呢？

那倒也不一定，一般來說會進到接近成交階段的客戶，在需求性上並不弱，在同一時間點，他可能會同時接觸多家廠商進行比較，因此我們開發失敗，有很高的機率是因為客戶選擇了別人，此時即便你很積極的再次跟進，失敗率也很高，因為對方已經有了替代性方案。

因此針對這個族群，有時更好的切入時間反而是產品回購週期將至時，此時客戶原先購買的商品即將到期，而我們順勢切入了，有時便有機會將客戶從競爭對手手上爭取過來。當然了，這只是其中一種思路，因為還是有很大比例的客戶沒有購買我們的產品，但也沒有購買其他競品。

這種狀況下，我們要如何識別一筆名單的狀態，並採取正確的行動呢？

我的答案是，**必須盡可能的跟這些名單保持互動，藉此不斷更新客戶的狀態**。以前面我問業務員的問題為例，當時客戶24歲，因費用跟需求性的問題，當下並未成交，但我們怎麼知道兩年後這個客戶會有出國或到外商工作的需求呢？可以的，只要你持續透過各種聯絡方式與這位客戶保持互動，你便可以藉由他的反應來推論他當下的需求性。

舉例來說，當我們推出前進外商的短期英語加強包，我們可能會挑選年齡層介於25至40歲，居住地點在北部的名單進行eDM或簡訊的發送，然後根據展信、點擊等行為來

反推客戶對這個主題的興趣與需求性。

eDM是一種相對便宜，且能放入較多資訊，缺點是到達率低，而且非常容易被客戶封鎖或視為垃圾信，因此也會連帶的影響了展信率與點擊率，但是否會被視為垃圾信基本上還是看操作手法，若你的訊息對客戶毫無價值，那就是垃圾，但若內容對客戶有價值，那就是一次良好的互動。

簡訊的成本相對較高，到達率也高，但能承載的資訊有限，但若文案設計的好，轉化效果一般也不會太差，在廣告成本日益上升的今天，部分企業甚至開始將行銷預算從廣告轉到簡訊上。

舊名單運營的核心觀念，就是與客戶保持互動，想盡辦法去更新客戶當下的狀態，並找到合適的切入時機，這邊所談到的觀念，建議結合分群與標籤化的章節一塊閱讀，將會更容易理解其中的操作邏輯。

06 掌握數據才能提高運營力

在不考量運營成本的狀況下，我們應該極盡所能地讓客戶更正確、更頻繁的使用產品與服務，但若我們的商品售價才300元，根本承受不起用一通通的電話追蹤客戶的使用狀況所衍生的成本，怎麼辦？

Netflix的案例

在數據力的章節，我們曾以Netflix為案例談過客戶終身價值（CLV）與獲客成本（CAC）之間的關係，並且談到一個公式用來衡量公司從一個客戶身上賺到的錢，對比花在他身上成本，藉此來衡量公司服務這個客戶過程，是否有盈利，這個公式是：

$$CLV／CAC\ Ratio = \frac{CLV（客戶終身價值）}{CAC（獲客成本）}$$

Netflix在海外的CAC是40元美金，合台幣約1,200元，而在台灣地區標準版本每月的訂閱費是330元，而Netflix的用戶流失率為5%，因此平均每個客戶會訂閱20個月，因此算出來的CLV／CAC Ratio就是330×20／1,200＝5.5。

當 CLV／CAC Ratio 這個數字大於 1，便意味著公司從這個客戶身上賺的錢大於花的錢，也就是說在這個客戶身上，公司是賺錢的。

然而實際這個公式存在一定的問題點，那就是我們**只累計了客戶終身價值，但卻沒有累計獲客、服務、運營客戶的成本**，因此若真的要算出我們花在客戶身上的成本，合理的公式應該是這樣：

$$\text{CLV／CAC Ratio} = \frac{\text{CLV（客戶終身價值）}}{\text{CAC（獲客成本）} + \text{COC（運營成本）}}$$

一樣用 Netflix 為例，當你還未成為 Netflix 的客戶前，你可能是因為廣告或其他行銷活動而成為訂閱戶，然而當你訂閱完成後，Netflix 似乎沒有主動對你做任何運營活動，這是否意味著 Netflix 在你續訂後就不花任何一毛錢呢？

當然不是的，你所觀看的影片需要授權費用，你透過網路連上主機觀看影片，主機與流量的成本有部分也是因為你的使用而衍生，這些都要攤列到運營與服務的成本上，因此 Netflix 實際的 CLV／CAC Ratio 應該不可能是 5.5，而是 4 或 5，甚至更低。

當你成本計算得愈精準，CLV／CAC Ratio 就愈具參考價值，而可以投入多少成本做運營，則看你對這個數值的接受度。從投資人角度來看，有個說法是這樣的：

若 **CLV／CAC > 3**，代表體質與商業模式很棒，是投資

的重要標的。

若 **CLV／CAC 介於 1-3 之間**，通常需要進一步評估後續成長性，可投可不投。

若 **CLV／CAC ＜ 1**，通常意味著尚未盈利，甚至短期內看不見盈利可能性，若成長速度夠快，且屬於行業領先公司，投資風險極高，需審慎思考。

算過了 CLV／CAC Ratio 這個數字，或許各位讀者便明白為何低單價或毛利率極低的商品一般很少有高成本的運營活動，如真人銷售、服務，取而代之的，是以網路開箱文、內容行銷、社群經營等邊際成本幾乎為零的方式運營，這其實是一種很正確的選擇，因為企業總要在擁有利潤的基礎下運營，才有可能生存下去。

這本書看到這，請停下來想一想，數據力的章節，我們談了企業管理的數據脈絡與重要的數字觀念。

☑ --

■ 身為業務人員，你可以趁此機會將腦袋裡的數字觀念再釐清一下。

■ 身為行銷人員，你務必要將利潤、成本跟通路的觀念弄清楚。

■ 身為財務人員，你可以多想想財務數字外哪些會影響財務結果的數字。

■ 身為後勤人員，你可以思考，自己做的每件事該如何與利潤掛勾。

☑️ --

■ 身為產品人員，你務必要仔細思考商業模式與合適的利潤模式。

■ 身為研發人員，你可以思考，如何運用科技協助公司在各項數據表現上做得更好。

而在運營力章節中，我們談到了客戶運營的重要觀念，在傳統的組織分工裡，這些工作大致上由業務、行銷與客服部門負責，但彼此也只是知道一部分樣貌，我藉由這個章節試圖讓大家掌握客戶運營的全貌。

☑️ --

■ 身為業務人員，你可以更新一下對舊名單的觀念，及對客戶忠誠度的做法。

■ 身為行銷人員，請務必掌握名單運營，尤其是舊名單的運營。

■ 身為產品人員，請思考，如何透過良好的產品設計，盡可能的提高客戶 on-boarding 與習慣養成，一邊提高留存率並降低客戶運營成本。

■ 身為研發人員，你可以思考，如何妥善的運用技術來帶動運營，讓所有的運營工作能做到精準且自動化。

CHAPTER

4

策略力

讓目標與行動間具備高度一致性

BUSINESS THINKING 🔍

前兩個章節，我們談了數據力與運營力，基本上我們已經大致理解公司經營的本質與基本的運作機制，然而這不足以讓我們在面臨多變的市場與激烈的競爭中勝出，我們仍不具備足夠的能力在面臨困境時找出正確的解法，或者在面臨極端不確定時能選定一條相對穩健的道路，我們缺乏的是「戰略思維」。

　　我在第一章時曾提及幾家先驅公司，包含日本稻盛和夫在京瓷公司推動的阿米巴經營，用獨立核算單元的方式讓所有員工都具備經營思維；巴西塞式企業推動了自組織經營，所有員工自行決定薪酬、上班時間與績效，讓員工對自己的成果負責；美國Netflix要求所有員工必須要了解公司經營的大小事，要能清楚說明每個專案的價值，以及為何而做；大陸公司海爾電器，從2005年開始推行人單合一模式，強調每個員工都應該要直接面對客戶，創造客戶價值，並從客戶的反饋來決定你的薪酬與獎金。

　　在這些公司，每個員工不再是一個個按上級計畫做事的小螺絲釘，而是經營者，他們熟悉自己的業務，同時也直接接觸客戶，聽得見現場的炮火，同時又具備經營思維，除了做好短期工作外，還學著如何做出兼顧長短期的決策，當每位員工都以經營成果為己任時，一家公司還能不強嗎？

　　或許各位可以設身處地想想，如果今天老闆給你充分的自由，你也對等要承擔相應的責任。對此，你是感到興奮，還是感到無助呢？或許過去的你，因為尚未學習商業思維，因此對於經營管理一竅不通，所以即便給了你自由，你也不

知道該做什麼事才對，還是習慣等候指令做事，但看完這本書，你的思維將獲得升級，多加練習後，我相信你終能獲得真正的自由。

　　商業思維的策略力，談的其實就是戰略思維，所謂的戰略思維包含兩部分，策略的選擇與落地，往下我將用一整章的篇幅來跟大家聊聊「策略」這個主題。

01 你手邊在做的事，跟公司經營有什麼關係？

　　過去我帶團隊時常問 member：「你手上的這個案子，跟公司經營有什麼關係？你手上的日常工作，跟公司又有什麼關係呢？」這個問題看似簡單，但真正能說清楚的人真的很少。我也曾清楚的告訴大家：「如果你無法說明正在做的事究竟有什麼價值，那你應該停止做這件事。」

　　台灣是製造業起家，生產線上的任務都是屬於高度重複性的工作，為了提高作業的效率，特別講究流水線運作與專業分工，將每個工作環節要做的事情固定下來，盡可能不要有變化性，變化性降低，意味著需要溝通的環節也減少了，員工們只要按著 SOP 做完即可。

　　反之，若在生產過程中，需求變化性大，且大家都提出諸多疑問，這就導致溝通與討論的需求大幅增加，生產線的效率便會大幅降低，因此專業分工與標準化成了生產線管理的重要鐵則。

　　在多年製造業思維的薰陶下，我們早已習慣專業分工，老闆的責任是講明策略與方向，中階主管展開計畫，基層負責執行；業務部門負責打仗拚業績的，研發部門則主要支援各業務部門。然而戰略經過層層傳達後，實際執行專案的一

線員工們往往無法獲知自己每天的開發工作，究竟是為何而做，更不明白專案完成後，究竟會對哪個KPI或目標有所貢獻。

我曾在第一章時提到組織內溝通的問題，實際上，公司層級愈多，這樣的問題愈被放大，下圖4-1是我在許多演講場合中分享過的內容：

在中大型企業，組織層級的增加，大幅的放大了上下溝通的問題，決策層距離一線愈來愈遠，而一線同仁的聲音永遠很難傳到老闆耳裡，上下之間永遠缺乏有效溝通。

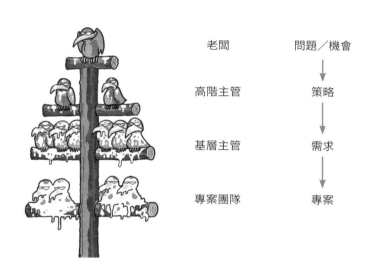

4-1　科層組織溝通的問題

或許，有些人認為一線員工，尤其是後勤同仁，並不需要了解公司戰略與目標，只要專注的處理手上的專案就好。但我認為**所有員工都必須要對戰略與目標有清晰的理解**，原因有四：

❶ **讓員工明白為何而戰**，唯有知道自己這麼努力是為什麼，員工才會傾注百分之百的熱情。

❷ **避免戰略與現實脫鉤**，上層拍腦袋想出來的戰略，很多時候並沒有參酌一線員工的建議，不讓聽得見炮火的士兵參與戰略的討論與溝通，是許多企業最終戰略失準的重要原因。

❸ **培養員工的戰略意識**，具有戰略意識的員工，在做每一件事情時都會仔細評估與思考，確保能對公司戰略與目標產生真正說明，而不會像只無頭蒼蠅般四處亂竄。

❹ **讓員工的績效明確化**，當員工所做的每件事都能連結到重要的KPI與目標時，員工的每分每秒都能投入在有價值的事情上，回顧工作績效時，一來，管理者易於評估，二來，員工也會很清楚自己的貢獻與成長。

這個問題你也可以問問你自己，如果你很清楚手上的每件事是為何而戰，在工作的心境上會否完全不同？你會否感覺更被重視？會否更清楚自己工作的價值呢？我認為肯定會的。

若有人能清楚跟你解釋每個交辦給你的任務跟公司的哪個策略目標有關，在一次又一次的溝通後，你也會漸漸地建

立起戰略思維。讓每個員工知道為何而戰，這是一舉多得的好主意，若你是老闆或主管，一定要跟同仁清楚解釋，如果你是員工，一定要盡可能的去了解每件工作的起因。

　　商業思維策略力的原始目的，是希望讓所有人都清楚公司的目標，以及為了實現這些目標，我們訂下了什麼樣的策略，緊接著，策略又是如何落地為一個又一個日常的專案與營運工作。自上而下，從策略到行動，可以理順每個策略的執行邏輯；自下而上，從日常活動反推策略，則可以讓所有員工知道為何而戰，以及每件工作的具體價值為何。

02 依價值大小來衡量決策的 優先順序

　　策略很重要，但策略究竟是如何形成的？又是如何逐步轉化成日常工作的呢？往下的兩個小結，我們便來談談公司策略的形成過程。

使命 Mission、願景 Vision、價值觀 Values

　　在第一章的開頭，我曾提過企業最終追求的是長期的盈利，而盈利背後的目的則是為了實現公司的**使命與願景**。

　　企業的**使命（Mission）**，一般是解釋「**公司為何而存在**」，或許你會說不就是為了賺錢嗎？不諱言的，很多企業一開始成立的目的就是因為老闆想賺錢，過去也曾有不少中小企業主問我：「為什麼策略規劃時要先談使命、願景跟價值觀這些空泛的內容？我就是想賺錢，這些對我來說不重要。」

　　我給他的答案是：「沒有使命跟願景的公司沒有靈魂，當你只跟員工談錢時，員工自然會一起只談錢，但若你有理

想時，員工或許會因爲理想而跟你一塊奮鬥。公司規模小，競爭不激烈的時候尙且感受不出來差異，當公司成長到百人，或市場競爭趨於激烈時，你便會發現有使命跟願景，對公司有多麼重要。」

舉例來說，Google 的使命是「To organize the world's information and make it universally accessible and useful.」，而阿里巴巴是「促進開放、透明、分享、責任的新商業文明」，或者大家比較常聽見的「讓世界沒有難做的生意」，這是不是非常耳熟能詳，當你想到 Google 跟阿里時，你腦袋裡是不是就覺得他們正在做這樣的事呢？清晰的使命，基本上會讓溝通變的更高效。

而**願景（Vision）**，一般則是說明「**我們想要變成什麼樣子**」。一樣以 Google 跟阿里巴巴爲例，Google 的願景是「To provide access to the world's information in one click.」。

讓大家可以在一個 click（點擊）後取得全世界的資訊，針對這一點，或許大家會認爲 Google 已經實現了，這是因爲相對於其他競爭對手來說，Google 早已走得太前面，但對 Google 自己來說，它的搜尋引擎仍有優化空間，對所提供的內容也仍有極大的挑戰要去面對，但它的願景，或許有可能在幾年後達到，此時 Google 可能會更動了它的願景。

阿里則是「分享數據的第一平台、幸福指數最高的企業、活 102 年」。針對這個願景，最常被問的是：「爲何是 102 年？」

對此，馬雲在 2007 年的回答是這樣子：「目標越明確，員工越知道我在幹什麼。我覺得我們提的 102 年是，阿里

巴巴是誕生在1999年，上世紀活了1年，這個世紀再活100年，下世紀活1年，加起來102年，是橫跨三個世紀。現在員工很明白，我們已經走了8年，還有94年。在未來94年以內，我們永遠不能說自己成功了，因爲可能93年時死掉了，死掉就失敗了。所以堅持，堅持到102年，沒了那就沒了。那也沒辦法，對吧？」

　　一般來說使命是企業窮究其一生要努力的方向，願景則是中長期的努力方向，而目標則是相對短期的任務。而這兩項，在公司制定策略時，所扮演的角色非常關鍵。

　　除了使命與願景外，**價值觀（Values）**對於策略或經營管理的影響性更加巨大，價值觀在不同公司或許有不同的詞彙，例如行爲準則、DNA、原則等。「使命」回答了公司爲何而存在，「願景」則回答了我們想要成爲什麼樣子，「價值觀」回答的則是**「我們重視什麼」**。

　　Google的早期有個爲人熟知的價值觀「Don't be evil.」。意味著不論外部有什麼誘惑與壓力，Google堅持只做正確的事，絕不會爲了利益而妥協。然而在2015年更名Alphabet後，公司在內部信件中發布了新的行爲準則「**Do the right thing- follow the law, act honorably, and treat each other with respect.**」，而沒有看到Don't be evil。對此，公司內的許多老員工群起抗議，認爲Google人的血液裡就流著Don't be evil的血液，公司不應該任意拿掉這麼重要的東西。

　　而阿里巴巴更是一間以重視價值觀聞名的公司，網路上流傳了兩個故事，是關於馬雲爲了捍衛阿里重要價值觀——

客戶第一與誠信，而做出的重大決定。

2002年，網際網路經濟泡沫破裂，而此時的阿里巴巴還不是很受客戶認可。如果不盈利的話，阿里巴巴必死無疑，於是銷售員去談生意會偷偷給客戶回扣。後來，馬雲發現銷售額很高的兩位員工銷售業績比所有人的業績加起來還多60%，他派人一查，發現這兩位員工竟然每一單都給了客戶回扣。

如果沒有業績企業必死無疑，但用給回扣的方式得到顧客又觸碰到了馬雲的底線。經過激烈的心理鬥爭，馬雲最終開除了這兩位員工。此外，他還說了一句很經典的話：「寧可公司關門，我們永遠不給別人賄賂，永遠不行賄。」

第二個故事，阿里巴巴B2B公司，也就是孕育阿里鐵軍的那家公司，在2010年前後爆發了供應商詐欺的案件。馬雲為維護公司客戶第一的價值觀及誠信原則，在一年內，公司清理了約0.8%，逾千名涉嫌欺詐的供應商客戶。與此同時，公司CEO衛哲、COO李旭暉因此引咎辭職，原淘寶網CEO陸兆禧接任。

馬雲不惜開除top sales以及衛哲，都要捍衛公司的價值觀，因為價值觀是文化的載體，老闆說這些價值觀重要，而且無論做什麼事都依循這些價值觀，公司內部所有人便會跟進，當所有人的觀念與行為都符合價值觀時，文化便會成形。反之，若老闆說一套做一套，企業的文化便會走偏了。馬雲若說誠信重要，卻縱容員工的不誠信，其他員工便不再相信馬雲，也會認為價值觀只是說說罷了。

使命、願景與價值觀，對一家公司的重要性透過上面幾個段落我想大家已經清楚，而這也是做策略規劃前需要先釐清的事，因爲它們將大大影響公司的策略選擇。

策略選擇的四個思考點

在思考策略時必須要謹記一件事——**策略，基本上是我們決定好做哪些事，而不做哪些事，有選擇與取捨時，才能稱得上策略**。若是非做不可的事，沒有任何的權衡與取捨，便不能算是策略。

舉例來說，營收成長，這不是策略，但特定地區或產品的營收成長要達200%以上，則算是策略；市場規模成長，這也不是策略，但今年將犧牲部分利潤率，力求市場規模快速成長，則算是策略。

因此在策略規劃時，有個關鍵步驟，就是做策略選擇（Strategy selection）。而要選擇，則需先有選項，往下，我將運用五個常用的工具或流程來引導大家進行思考，將各種可能的選項一一挑選出來。

❶ 審視經營管理數據

在進行策略規劃時，從過往的歷史數據中最容易找出可能的改善點，因此，我們可以先檢視去年各項數據的表現，若有值得改善之處便列爲來年的策略選項之一。例如通路的

經營、舊客戶的維繫、廣告成本的降低等等，這些都是根據過去一段時間的經營狀況而提出的改進，都可作為策略規劃的參考，如圖4-2。

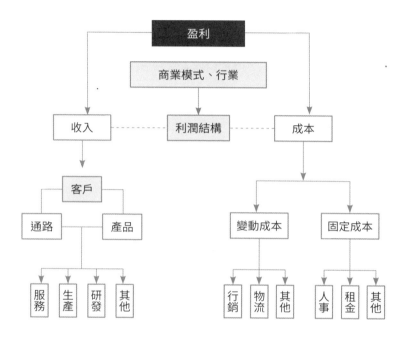

4-2　數據脈絡圖

❷ 思考產業趨勢議題

　　將目前公司所屬產業為人熱議的那些議題列出來，比如跨境電商、人工智慧等，如下頁圖4-3。列出這些議題的目的並不是要大家盲目的去跟潮流，而是希望大家不要忽略趨勢，白白讓機會跑了。將趨勢議題列出後，你必須要進一步去思

考這個題與公司有何關聯？爲何這個議題會是我們的機會？

今年產業趨勢議題	未來三年趨勢議題
■ 跨境電商	■ 人工智慧
■ 人工智慧	■ 新零售
■ 機器人	■ 流量池
■ 新零售	■ 跨境電商
■ 新南向	■ 新南向

4-3　產業趨勢議題

　　你可以先列出今年的產業趨勢議題，順序按你初步判斷的重要性來排，也列一下未來三年的趨勢議題，順序上可能與今年的順序有所差異，這是因爲三年看的相對長期。同時列今年與三年的原因在於策略思考時可以同時考量長短期。

　　過去我在帶領研發團隊時曾擔任許多新議題的負責人，專責評估各種新議題的可能機會點，包含技術、商業、產品等不同面向，最常被問的問題就是：「公司對特定趨勢議題的策略是什麼？」其實這個問題本身就大有問題，當一個議題還沒被討論並識別出機會前，談策略一切都還太早。

　　首先，產業趨勢議題不見得就是產業的機會，或許其他產業比我們有更大的機會，一樣的，即便是我們所屬產業的機會，也不見得就是我們公司的機會。

　　過去看過很多商業計畫書，內容總是會寫，我們這個商品只要是女性都會需要，台灣人口超過2,000萬，因此潛

在市場規模有千萬。這個陳述看似沒錯，但其實漏洞百出，不同年齡、收入、區域、職業的女性在需求上肯定都有所差異，要有一個商品能覆蓋全部族群不是不可能，但競爭者肯定眾多，女性市場大，但不全是你的，你要覷準其中一塊利基市場，那一塊才是當下你真正的機會。但要怎麼有效的判斷這個趨勢議題是不是我們的機會呢？即要評估產學價值鏈。

❸ 思考公司在產業價值鏈中的機會

所謂的產業價值鏈，概念與企業價值鏈雷同，相關的概念可以參閱下圖4-4：

公司在所屬產業裡一般扮演著一到多種角色，而這些角色正反應出公司的主營事業。

支援活動	□ 資訊系統／資訊安全管理
	□ 營運管理（策略／財務／行政等）
	□ 人力資源管理
	□ 採購管理

主要活動：□ 產品設計　□ 產品研發　□ 產品量產　□ 生產　□ 銷售　□ 配銷　□ 運送　□ 零售　□ 服務　□ 回收　□ 棄置

4-4　產業價值鏈

在產業價值鏈中的主要活動中，可以先確認公司在產業中的角色，主要活動包含產品設計、研發、量產、生產、銷售、配銷、運送、零售、服務、回收與棄置等，從產品的源頭－設計開始，到生產出來，被送到客戶手上，提供售後服務，一直到產品被回收與棄置，每一個角色可能都是一門生意。

舉例來說，公司可能是做產品設計或產品研發業務，也可能是專注於代工量產或自行生產，有可能提供物流運送服務與零售，甚至可能是自己沒有產品也不做銷售，但專門提供的服務的call center（客服中心）業者。一家公司也可能同時扮演著多種角色，例如自行研發與量產，或者自行生產，同時也自行銷售。

若你所屬的公司並不扮演主要活動中的任一角色，那很可能是提供支援性質的服務，可以看看上方的支援活動。公司是否提供專門服務給主要活動上的公司，協助他們克服經營上的難題？這些服務包含，資訊系統或資安管理服務、營運管理、人力資源管理、採購管理，或者其他顧問服務等。

藉由盤點公司在產業鏈中的角色，可以協助你思考，公司在產品量產的部分利潤愈來愈稀薄，但因為在產品深耕多年，對使用者的需求把握度算高，因此評估來年可以跨足產品研發，自行研發與量產，藉此逐步拉高利潤；或者過去公司只專注於生產製造，所有的銷售工作都是委由其他廠商配合，但逐年下來，通路的佣金成長速度驚人，幾乎沒有太多利潤可言，評估後決定在主要城市開設零售店，開始自行銷售。

當然了，這些年來也有愈來愈多的大型企業在經營上不

只擴充了在產業鏈中的角色，還不斷的跨足新的產業。亞馬遜原先是線上書店，後來變成什麼都賣的電商平台，從單一產業的零售業者變成跨許多產業的零售業者，接著又進了資訊服務市場，建立了 AWS（Amazon Web Services 亞馬遜網路服務公司），提供數以萬計的中小企業穩定的雲端解決方案，後來又收購了華盛頓郵報，進入傳統媒體市場，近幾年又跨足文化娛樂領域拍起電影，而且電影還獲得了不少的獎項。

　　同樣的，Apple、騰訊、阿里巴巴、Google、Facebook這些巨頭公司無一不跨足多個產業，而且常常一進入新的產業中就帶起了顛覆式創新。這些公司在思考策略時，不單單從目前產業的角度切入，但也不是貿然的就進入完全陌生的領域，而是從原先經營的強項中找出能跨界運用的點做為破口切入。

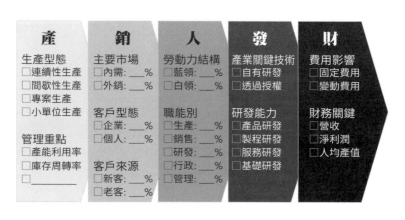

4-5　產業／公司經營關鍵點

❹思考產業／公司經營的關鍵點，以及公司的強項與弱項

　　思考這個問題時可以參考上頁圖4-5，我們以管理學中的五管——生產、銷售、人力資源、研發、財務等五個面向來拆解：

▶ **生產**：生產型態，**連續性生產**意味著從原料、半成品到成品中間的生產過程不中斷；**間歇性生產**意味著原料生成半成本、半成品到成品間的生產可能是在不同地點，由不同人完成；**專案生產**則指每次生產的原料、半成品、成品、流程、數量等可能都不同；**小單位生產**則是能做到很小量的客製化生產，近年來大家談論的多樣少量的生產方式就是小單位生產。如果公司不生產實體商品，比如一間提供軟體服務的公司，你可以這麼思考，若公司能獨立交付服務，而且這個服務是高度標準化的，那可以視為連續性生產；若交付服務時必須要跟其他合作夥伴配合，可以視為間歇性生產；如果是一間接案公司，所有的資訊系統都要做客製化開發，那就是專案生產；如果你有本事接5,000塊的訂單都還能獲利，那或許你也滿足小單位生產。

▶ **銷售**：主要市場是內銷還外銷，主要銷售的對象是企業還是個人，主要的客戶來源是新客還是老客戶。你從數據力的收入結構與客戶結構的盤點中應該能獲知這些資訊。

▶ **人力資源**：勞動力結構，是藍領多還是白領多，如果公司

的產業屬於勞力密集度高的，或許藍領的人數會多一些，若是屬於腦力密集度高的，那白領的人數應該會多一些。職能別的部分，也可以依據不同職能的比例進行分析，偏重製造的公司，生產職能的比例通常高一些；偏重市場成長的公司，銷售人員的比例會高一些；重視技術創新與研發的公司，研發人員會有較高的比例。

▶ **研發**：產業關鍵技術是自行研發或者透過其他廠商的授權，這會決定主要技術的自主性，技術的自主性除了影響產品的開發與設計外，同時也會帶來高昂的授權費用。例如 Apple、三星、華為的手機都仰賴高通授權的專利技術，每年都因此要支付近10億美金的授權費用，Apple 還曾為了授權費用跟高通對簿公堂。試想，你不得不用的狀況下，對方不斷坐地起價，你感受如何？
研發能力，產品研發一般指實體商品的研發，服務研發則指非實體商品，製程則泛指生產製造過程，如台積電常提到的製程改善，這便是製程研發的典型，基礎研發泛指最基礎的技術，如運算、電力、網路等科技的研發能力。

▶ **財務**：固定費用、變動費用、營收、獲利、人均產值的觀念第一章時已提及。盤點後，產業其他公司的狀況大致如下頁圖4-6。

我們可以初步解讀，產業內多數的公司大多是以連續性生產為主，而且特別關注產能的利用率，避免有閒置的機台

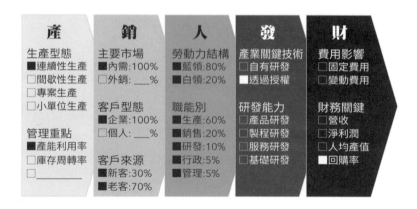

產	銷	人	發	財
生產型態	主要市場	勞動力結構	產業關鍵技術	費用影響
■連續性生產	■內需:100%	■藍領:80%	□自有研發	□固定費用
□間歇性生產	□外銷:___%	■白領:20%	■透過授權	□變動費用
□專案生產				
□小單位生產	客戶型態	職能別	研發能力	財務關鍵
	■企業:100%	■生產:60%	□產品研發	□營收
管理重點	□個人:___%	■銷售:20%	■製程研發	□淨利潤
■產能利用率		■研發:10%	□服務研發	□人均產值
□庫存周轉率	客戶來源	■行政:5%	□基礎研發	■回購率
□	■新客:30%	■管理:5%		
	■老客:70%			

4-6　產業經營關鍵點

或資源；在銷售部門則以內需、對企業為主，客戶來源上，新客的成長停滯，只占30%，多數仰賴老客戶的回購與續訂，因此在財務上特別重視客戶的回購表現；人力資源的結構上，主要為生產線與銷售人員，因此藍領比例占了80%，投入在研發上的力道偏弱，僅占10%；研發部分，目前沒有任何的技術是自己研發的，大多是透過授權而來。

同時，盤點後公司的狀況則如右上圖4-7。

公司除了能提供連續性生產外，也開始能接小單位生產，這是因為我們投入了製程改善，因此生產流程的效率大幅提升，即便做小單也有利潤，而管理重點上現在已經不擔心產能利用問題，基本上所有的資源調配都非常順暢，唯一擔心的是庫存周轉率，希望周轉天數能持續降低；在銷售部分，兩年前已經開始做海外市場，目前已有30%占比，去

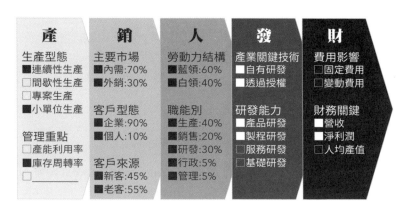

產	銷	人	發	財
生產型態 ■連續性生產 □間歇性生產 □專案生產 ■小單位生產	主要市場 ■內需:70% ■外銷:30%	勞動力結構 ■藍領:60% ■白領:40%	產業關鍵技術 □自有研發 ■透過授權	費用影響 □固定費用 □變動費用
	客戶型態 ■企業:90% ■個人:10%	職能別 ■生產:40% ■銷售:20% ■研發:30% ■行政:5% ■管理:5%	研發能力 ■產品研發 ■製程研發 □服務研發 □基礎研發	財務關鍵 ■營收 ■淨利潤 □人均產值
管理重點 □產能利用率 ■庫存周轉率 □_____	客戶來源 ■新客:45% ■老客:55%			

4-7　公司經營關鍵點

年則開始做C2C業務，目前業績占比也有10%，客戶來源部分，新舊客的比例維持的很不錯。

　　人力資源結構，2年前開始在生產線上建置機器人，且導入了一部分人工智慧技術，為此增補了很多的研發人員，同時也減少了很多生產線的人力需求；在研發部分，擴充研發團隊後，開始將部分技術的研發工作拉回公司內，目前已有部分的技術是自有研發，而這些研發技術主要運用在產品的研發與製程的改善上；財務面，現在特別偏重在營收與淨利潤的同時成長上。

　　透過產業以及自家公司的盤點，其實很容易看到問題與機會點，而公司的獨特強項，除了可以在產業內占據競爭的上風外，也可以將這些強項轉為提供其他公司做支援服務，或者思考如何跨足其他同樣需要此服務的產業。

策略選擇

　　當我們完成上述四個思考後，接著便將目前看到的機會逐一陳列下來，一開始你會發現原來有這麼多事可以做，但接著，你應該會陷入選擇的困難。每件事都覺得很重要，很想做，但在資源跟時間的限制下絕對無法在短期內全都做完，因此你必須要做取捨。**經過取捨的，才是策略，否則就只是機會與方向。**

　　策略選擇一直是一件困難的工作，使命、願景與價值觀可以做爲你評估的重要依歸，然而是搶占市場優先，還是投入在研發工作優先呢？這就涉及到兩個問題，第一，**資源的掌握度**，資源決定了公司能做哪些事與做多少事；第二，**排定優先順序**，明確且有依據的優先順序能讓團隊聚焦且投入，決策不會多頭馬車，執行也不會施錯力。

盤點資源

　　談到資源，你可能會想到的人力資源、硬體資源、錢等有形的資源，這些固然重要，但企業其實更該關注**無形資產**（**Intangible Assets**），往下，我分別就有形與無形資產個別說明。

　　❶ **有形資產**，土地、硬體、現金、人，這些看的到的資源通稱爲有形資產，土地、硬體、現金這部資源，盤點起來相對容易，在此我不多提。但人力資源無法一概用「人力」的數量來盤點，畢竟每個人都是不同的，50個人的戰力不見

得是5個人的10倍，這不是個簡單的數學題。

盤點人力資源時，你必須要根據**專業特性**、**穩定性**、**能力以及技能的特殊性**等各方面來做盤點。我們有多少人工智慧的專家？有多少具備10年以上產品經驗的產品經理？有多少5年以上管理經驗的管理者？有多少在公司待了3年以上，且十分認同公司的員工？盤點時，請務必針對會影響策略選擇的方向去深入思考。

❷ **無形資產**，覆蓋的範圍極廣，但我通常從以下幾個方向去探討，合作夥伴、客戶、通路、品牌、商譽、企業文化、專利、商標、關鍵技術、特許權等。

合作夥伴的覆蓋範圍比較廣，整個公司員工的人脈都可以納入考量，簡單的說就是商業上擁有互利互惠關係的那些人與組織。如果你要進中國市場，但對當地一無所知，重頭開始累積顯然是不是一個很聰明的做法，此時，找一個在中國耕耘多年的朋友請益、付費諮詢，甚至找當地的投資人都是一種可能的方法，策略規劃時，請務必盤點一下公司有多少合作夥伴。

此外，客戶數量、忠誠度、區域性都可能影響你的策略布局，有多少老客戶可以幫我們做客戶證言？又有多少客戶願意幫我們推薦新客戶？這都是客戶最基本會影響的範圍；通路部分，除了盤點流量與業績外，若要進入新市場，比如南美，初期或許不適合直接到當地設立分部，而是與當地的廠商合作，先試試水溫再做決定；品牌與商譽，這是掛在公

司身上的牌子，將會直接決定許多事，談合作時合作夥伴會關注，進入新市場時客戶會關注。

專利、商標、關鍵技術與特許權，在近幾年來愈來愈重要，前幾頁我們才剛講過 Apple 使用高通技術的案例，從積極的角度來看，這些資源具備攻擊性，讓我們能主動出擊，占據有利位置，從消極角度來看，則可有效遏阻競爭對手。

在盤點資源後，接著請思考資源的可掌握性，如果資源你已經握在手上，是屬於百分之百可掌握的，那很好，變數不大；反之，若盤點出來的資源具有不確定性，需要付出行動或其它代價，那也一樣列下來，因為若付出這些代價換回來的資源非常關鍵，那仍非常值得投入。

決定策略優先順序

每間公司在每個階段，對於策略的選擇與排序可能都有所差異，很難一概而論，但身為一個數據化思考的人，我還是有一套自己的判斷機制，用來協助企業在做策略選擇時更有依據，那就是**依據價值的大小來衡量**。

企業決定策略順序的方法一般有三種：**權力決、數據決與共識決**。

第一種，權力決，通俗一點來說，就是由權力大的人來決定，排第一的通常是老闆或業務部門最高主管。權力決有另一種變形，那就是讓承擔該業務的主要負責人做決定，例如產品經理決定產品優先順序，業務主管決定業務需求優先順序。

權力決的好處在於，讓應該承擔責任的人來做決定，做對做錯他一力承擔，很容易究責，但缺點也是顯而易見的，決策過度集中，且決策的優劣仰賴一人之智，萬一他不是那個適合的人怎麼辦？

第二種，**共識決**，由大家共同決定優先順序，嚴謹一點的甚至會成立一個委員會來定期處理此事，讓決策從一個人身上移轉到一群人身上。好處是決策因參酌了較多人的意見，會變得比較客觀，但缺點是，當大家的目標不一致時，為了面面俱到，很容易產生平庸的決策結果。

第三種，**數據決**，由大家共同協議一個價值的運算公式，例如能帶來多少業績、改善多少服務滿意度、提升多少用戶增長或留存率、降低多少人事成本等，每個策略都會被算出一個權重，然後依此權重值進行所有項目的排序。

這個做法的好處是客觀，所有的參數都是經過討論後得到的共識，缺點則是對價值的計算不會一開始就很精準，必須經過一次又一次的修正後才會愈來愈準。

權力決與共識決大家應該都很熟悉了，今天跟大家談談數據決這種相對科學的方法該如何實踐。數據決策不意味著否定權力決或共識決，而是將數據引入，讓一切的決策有參考、有依據，不會流於感覺或經驗。這個決策過程有 5 個重要步驟：

❶ 定義價值

既然要談價值排序，那首先就要先定義價值與效益是什

麼。容易聯想的如營收成長、成本降低、效率提升、人力需求降低、轉化率提高、流量提高、廣告成本降低；比較難衡量的諸如客戶滿意度提升、品牌知名度提升、架構重整後重工與突發問題減少、員工認同感提升、雇主品牌加分等等。

在這邊我先給大家三個基本原則：

第一，無法百分之百衡量，不意味著百分之百不可衡量。

第二，無法量化的事就無法被衡量，即便只能部分量化，你都該嘗試量化它。

第三，企業價值極大化是多數企業追求的終極目標，而價值多數時候與利潤是畫上等號的，因此只要能解釋這個策略與利潤間的關係，通常價值就容易衡量了。

舉例來說：營收提升、效率提升、轉化率提高、流量提高等，都是屬於收入增加。成本降低、效率提升、人力需求降低、廣告成本降低，等都是屬於支出減少。在這，我們可以先初步的將價值設定為利潤提升，當然了，依你的公司發展階段，你可能更重視市場占有，也可能更重視用戶數或區域覆蓋度，這都無所謂，總之，請將公司追求的目標設定為價值判斷依據，若你公司有多個區域或子公司，那你可能會有多個目標，也會衍生多種判斷標準。

關鍵請放在必須有一套標準，而且你需要先取得大家對這個標準的共識。

❷ 找出衡量策略價值的指標

營收成長與成本下降的策略，其價值相對好衡量，因為它們都有機會直接產生效益，然而像客戶滿意度提升、品牌

知名度提升等策略，它們創造的效益很多是間接的，也可能是一次影響了多個指標，因此這類策略通常不是那麼容易說清楚價值，因此在談論此類策略時，一般我們會先往下詢問幾個基本問題：

「提升客戶滿意度的目的是什麼？」

「提升品牌知名度背後追求的又是什麼？」

通常你會得到這樣的答案：

「因為客戶抱怨對公司商譽有影響」

「做品牌可以讓我們變的更知名，品牌會形成溢價。」

但我們還是看不見提升客戶滿意度或做品牌的具體價值到底有多大，是100萬，還是1億。所以你必須再往下問：

「我們現在的狀況，提升客戶滿意度後具體會帶來的改變發生在哪些地方？是減少客訴？還是降低退費？個別又會影響多少呢？」

「變得更知名可以為我們帶來哪些效益？品牌具備溢價能力後，能讓我們增加的利潤有多少呢？」

一步步往下問，有時你會發現對方無法清楚回答這個問題，因為在過去經驗裡，我們很少懷疑提升服務滿意度與品牌知名度的價值，所以需求提出者一時之間也很難回答到百分之百明確。然而這並不是一件好事情。

萬一策略很重要，但卻被放在低優先級；萬一策略不重要，卻被視為第一優先級，這都是有問題的。在討論這些問

題時，謹記要有足夠的耐性與彈性，經過幾輪討論後，通常你會獲得相對清晰的結論，例如：

客戶滿意度提升：提升滿意度 1%~2% 將減少 1,000 萬元的退費，並帶來 200 萬元的推薦收入。

品牌知名度提升：提升商品溢價能力 10%~20%，並降低獲客成本 20%~25%。

到這個階段，我們看到了每個策略的「可量化價值」，當然了，你還是要進一步討論這個量化價值是如何推算出來的，不能單憑需求提出者的片面之詞就決定這個案子能創造 1,000 萬的直接營收。你應該進一步問 1,000 萬怎麼來的？為何是 1,000 萬不是 500 萬？

❸ 為策略進行價值加權

有時企業會過度追求營收成長而忽略成本的不合理上升，有時也會因過度在意可量化部分而忽略了無法量化的部分，因此在計算策略價值時，一般我們會透過價值加權的方式來進行平衡，習慣上我將加權分成兩個部分：

第一，收入與支出權重。

提升 1,000 萬收入與降低 1,000 萬支出的價值，兩者價值是不同的，因此你必須要先給一個權重，例如 70%：30%，這意味著提升收入的價值約是減少支出的 2 倍。

第二，可量化與不可量化的部分也要分開給一個權重。

直接創造收入或減少支出的策略，通常可量化比例很高，可能達 9 成：轉化率提升、流量增加這種間接創造價值的策略，可量化比例也不低，可能在 7~8 成；但品牌知名度

這種短期難以衡量效益，但卻影響長期的策略，可量化比例一般較低，約在3~5成左右。

不同類型策略的可量化比例不同，若我們在排序時只看量化部分便顯得不夠客觀，因此我們也需要設定一個權重，例如75%：25%，這意味著策略價值有75%看我們量化出來的數字，而25%則看那些無法被輕易量化的東西，例如市場知名度、客戶心占率等，但無法量化的部分比例不宜占太高，否則很容易淪為權力決。

到這個階段，通常便能有效的算出每個策略的價值，接著要進入最後也是最重要的一個步驟。

❹ 取得共識

如果一套機制無法取得參與者的共識，即便再科學都不會有人願意配合，所以最後一個步驟，是要大家對這個規則買單，對按著規則排出來的順序認知是一致的。因此當你將策略的順序逐一排出後，清楚的列出一張如表4-8。

Priority	策略	可量化分數（75%）	不可量化（25%）	得分
1	A	70	20	90
2	B	68	15	83
3	C	60	20	80
4	D	75	0	75
5	E	70	2	72
6	F	65	5	70
7	G	65	0	65

4-8 策略價值排序

接著將這張表攤開來給大家看，看看這個順序與大家認知是否有明顯落差，切記，這個動作很重要，因為這是這個機制的第一次校準，校準什麼呢？校準收入：支出的70%：30%是否恰當，校準可量化：無法量化的75%：25%是否恰當，也校準對特定策略的價值計算是否沒有嚴重偏誤。

如果這個標準與多數人的認知有明顯落差，趁這個機會討論如何修正，調整到一個與大家認知較為一致的比例即可。到了這個階段，一定還是會有人堅持自己提出的策略應該擁有更高的優先序。沒關係，這是人之常情，不過根據過去的經驗，通常將價值判斷的標準攤開來，而這個標準已經為大家所認同後，多數人都會明白光憑感覺無法說服其他人，必須要將價值講得更具體可量化，才有可能爭取到其他人的支持。

價值衡量工具不是萬靈丹，但它在幾個層面上會有很大的助益：

▶ **建立團隊對價值的共識，目前我們追求的主要價值是什麼？**

▶ **養成團隊以量化方式來思考策略，不再憑感覺盲目的為做而做。**

▶ **養成團隊將目標與價值當成日常的溝通語言。**

若貴公司總是有策略選擇或專案排序上的困難，建議你可以參考上述的做法。

03 明確設定行動方案提升目標效果

經過上個小節的燒腦思考後，或許大家已經做好了一部分的策略選擇，往下我們要進一步討論如何讓這些策略落地成可執行的計畫。往下，我將會以源自Intel，後來在Google發揚光大的OKR（Objectives and Key Results）的目標管理方法來展開計畫。

所謂的OKR，指的是設定好目標（Objectives），接著為目標設定對應的關鍵結果（Key Results），**關鍵結果是用來衡量目標是否達成的依據**。當我們設定了一個目標，接著要回答的是「如何衡量這個目標的完成」，或者說，當看到哪些結果，我們便能說改善產品體驗這個目標已經達成了？而這些結果，就是關鍵結果。OKR便是由**一個目標與2至4個關鍵結果**所組成。

設定目標與關鍵結果

很多目標相對好量化，例如業績、客戶數、會員數等，而有一些目標則相對難量化，例如品牌、服務滿意度、員工

忠誠度等，但我在前一個小節中已經跟大家分析過這些量化的觀念，我想量化出關鍵結果這件事，對各位應該不會是什麼難事。

以下我舉一個例子來協助大家更快的理解OKR，今天我們設定了一個「改善服務品質」的目標，並為此目標設定了兩個關鍵結果：（如圖4-9）

❶ 產品的退訂率降低5%。

❷ 產品的滿意度從8.8分提升到9.2分。

Objective
● 改善服務品質

Key Results
● 產品的退訂率降低5%
● 產品的滿意度從8.8分提升到9.2分

4-9　**改善服務品質** OKR

我們接著來檢核一下這兩個關鍵結果與目標間的關聯性是否足夠強。

❶ 這兩個關鍵結果都符合可量化標準。

❷ 確認產品退訂率與服務品質間的關聯性，認定兩者之間確實高度相關，產品退訂率是觀測服務品質的重要指

標，而服務滿意度與服務品質間的關聯不言而喻。

❸ 確認關鍵結果的數據是確實可以取得的，如果訂了滿意度提升到9.2分，但過去根本沒統計過這個分數，沒有數據可參考就意味著無法驗證，我們一樣無法知道目標是否達成。

❹ 確認是否除了退訂率與滿意度外，沒有其他重要關鍵結果需被列入。

如果上述四個步驟的確認都是通過的，那這個OKR的設定基本上就沒有問題了。

再舉一個例子，由於人工智慧的技術議題正夯，若你的公司也想導入人工智慧，但如同我在數據策略章節曾提過的，如果我們今天沒有設定任何問題希望由人工智慧來協助解決，那這個新科技的引入就不可能順利。

以下圖4-10是過去我所帶領的研發與產品團隊在評估

Objective
● 運用人工智慧提升學習體驗

Key Results
● 降低教材出錯率自8%到4%
● 提高學習滿意度從8.9分到9.2分
● 提高學生每周訂課數從2.2堂到3堂

4-10　運用人工智慧提升學習體驗 OKR

人工智慧時的經歷，我們的產品與系統中很早就運用了大數據相關的技術，也很早就開始做精準匹配，當人工智慧出來後，我們初步判斷是可以藉由這項新技術來提升學習體驗，因此我們設定的目標是運用人工智慧提升學習體驗，同時也設定了三個關鍵結果：

❶ 將 AI 應用於的教材編輯，有效降低教材出錯率自 8% 到 4%。

❷ 將 AI 應用於學生學習過程，提高學習滿意度從 8.9 分到 9.2 分。

❸ 將 AI 應用於課程的精準推薦，提高學生每周訂課數從 2.2 堂到 3 堂。

當你逐一將每個目標，以及對應的關鍵結果完成後，你會得到一張公司層級的 OKR 總表，在這張總表之下，可以再展開部門層級與個人層級的 OKR，確認所有人的目標是一致的。如圖 4-11。

同樣的架構，其實也可以用在我們個人的目標管理上，例如薪資增加 15%、收入增加 30%、TOEIC 考到 800 分以上、受邀演講超過 3 次、有人願意付費邀請授課超過 5 次、每個月看 10 本書等。

上述目標相對容易量化，但有些目標的量化則相對困難，舉例來說，在我講授的課程中有人提到他的目標是「掌握商業思維能力」。

我問他：「如何確認你已經掌握了商業思維能力？關鍵

1

Objective
- 改善服務品質

Key Results
- 產品的退訂率降低5%
- 產品的滿意度從8.8分提升到9.2分

2

Objective
- 運用人工智慧提升學習體驗

Key Results
- 降低教材出錯率自8%到4%
- 提高學習滿意度從8.9分到9.2分
- 提高學生每週訂課數從2.2堂到3堂

3

Objective
- 達成本季營收目標

Key Results
- 每月業績達3,000萬台幣
- 東南亞營收占比達30%
- 手機相關產品營收達1,500萬

4-11　公司層級的 OKR 總表

結果是什麼？」

他一開始回答：「上完老師的課。」

我說：「所以你的目標只是上完課，而不是掌握能力，如果要說掌握能力，你必須要能有output，舉例來說，考專案管理師PMP（Project Management Professional）會有一張證照，有些課會有結業證明，但這些其實都不代表你已經掌握該技能，頂多只是上過課而已。」

他問我：「那怎麼樣才算掌握了呢？」

我說：「首先，先告訴我你想學習的原因是什麼？它能解決你什麼問題？或者為你帶來什麼好處？」

他說：「提升我向上管理能力，改善橫向溝通能力，也提高了自己思考問題的高度。」

我說：「OK，漸漸的具體了，那我們如何觀察或衡量你的向上管理與橫向溝通能力改善了呢？」

他說：「現在接近年底，公司開始在討論明年的計畫，其中有一些接觸市場的專案我很感興趣，我想跟老闆提出讓我參與該專案的請求，如果可以，還希望能擔任該專案的PM。」

我說：「嗯，那你覺得商業思維在這個提案中可以派上用場？」

他說：「絕對可以，我能先做專案的分析，並把『為什麼是我』講清楚。」

我說：「好，這件事與是否掌握商業思維有了較高的正相關，可以列為你的關鍵結果。」

這其實是很多人在設定學習目標時的盲點，大多以為看完幾本書，上完幾堂課就算是達到目標了，實際上，你要等到你真的拿了這些知識去做了某些事，你才算是真正學會了，因此在**關鍵結果設定上，請務必更強調結果，是做好而不是做完。**

設定行動方案

有了具體的目標與關鍵結果，那我們要做哪些事來達成這些關鍵結果呢？

此時就落入到專案層級了，我們必須為每個關鍵結果設定數個行動方案，我一樣拿上面我談過的OKR為例說明，如下頁圖4-12。

以提高學習滿意度從8.9分到9.2分為例，在討論過程我們認為會影響學習滿意度因素的有老師、教材、學生參與度、師生互動、網路通訊品質等，而經過討論後判定學生參與度與師生互動影響最大，為有效改善這兩個問題我們制訂了以下幾個行動方案。

第一個行動方案，改善課堂互動。

採集學生上課期間的面部表情、對話與課後評價資料，並運用人工智慧技術判斷學生在課堂中的反應與參與度，如果學生表情顯示有疑問，或者課堂的參與度不好，總是分心，那可在課程進行中直接提醒老師要多留意該學生。這個

Objective
● 運用人工智慧提升學習體驗

Key Results
● 降低教材出錯率自8%到4%
● 提高學習滿意度從8.9分到9.2分
● 提高學生每周訂課數從2.2堂到3堂

Action Plans
● 方案一：改善課堂互動
● 方案二：建立雙向回饋
● 方案三：跟進學生學習狀況
● 方案四：……
● 方案五：……
● 方案六：……

4-12　運用人工智慧提升學習體驗行動方案展開

行動方案對參與度與互動都有較多的影響。

第二個行動方案，建立雙向回饋。

首先，調整學生課後的評價功能，從只能評分的選單式改成選單加標籤式，讓學生在評分之餘，還可透過標籤來回饋感受好與不好的部分，此舉能讓我們盡可能掌握學生真實的感受。接著，也修正了老師的介面，一來讓他們了解學生給他們的反饋，二來也讓他們更積極的提供學生學習建議，

當老師願意花更多時間在學生身上，學生的參與度便有了很明顯的提升，而且師生互動也因此變得更好了。

第三個行動方案，跟進學生學習狀況。

由客服不論透過email、電話或App推送訊息都可以，總之務必讓學生每週平均上超過兩堂課以上。

當行動計畫展開後，我們便能一目了然的看到這張OKR的內容，包含了目標、關鍵結果與行動方案，當所有目標都按著這個結構整理好之後，整個部門至公司接下來幾個月的方向與任務便定案下來了。

04 策略的目的是為看得見的將來做準備

　　當計畫底定，一個個行動方案也陸續展開了，但這並不意味著目標就一定能達成，原因有二：

　　❶ 計畫永遠趕不上變化。

　　隨著資訊化、全球化趨勢的蔓延，近幾年企業所處的環境多變，年初設定好的計畫，或許三個月後有30%已經不對了，半年後只剩下30%是跟一開始設想的差不多，到年底回頭檢視年初設定的策略，大概只有10至20%是跟原先想的一樣。

　　市場變化，不是你不承認它就不存在的。但這並不意味著規劃是沒用的，**規劃的目的是讓我們站在這個當下反思與復盤，以及為「看得見的將來」做準備**。長期的計畫，變化太大，即便是短期的計畫，也常受到市場需求、策略調整等的影響而需要做修正。

　　❷ 計畫的預期結果在實現之前都是一種假設。

　　做計畫時，我們是在有限的資訊下認為採取A行動可以得到B結果，這是一種假設，必須靠著採取行動來驗證這個假設的正確性。很可能在執行後並沒有對關鍵結果產生預期貢獻，或者關鍵結果達成了，目標卻仍未實現，這很可能是

因為關鍵結果或行動方案設定錯誤，我們需要進行目標的重新校準。

透過執行來獲取回饋，透過回饋來檢視計畫與實際間的落差，並調整行動方案或關鍵結果，這個步驟我稱為復盤與校準，這是所有企業要持續進步必然會經歷的一個重要環節。然而怎麼做好復盤與校準呢？我認為有幾個重要的觀念需要掌握。

復盤與校準的步驟

「復盤」其實是棋類術語，指對局完畢後，重新走一次該盤局的每一步棋，以檢查在對弈過程的優劣與得失關鍵，同時提出假設，找出最佳方案，作為下次對弈時的修正。所有屬害的棋手，其實都非常擅長從復盤中獲得回饋與反思，進而精進自己的棋藝。

在企業經營上，又要如何進行有效的復盤呢？往下我將為各位解釋有效復盤的五步驟──**回顧目標、剖析行動方案成效、歸結原因、建立新的假設**以及**重新校準**。

❶ **回顧目標。**

復盤的第一個步驟，是再次回顧目標，這個動作的目的是讓我們再次省思，當前這個目標是否仍然重要？如果目標已經不重要或者方向有所修正，那應該先進行目標調整，並再次對齊相關的關鍵結果與行動方案。

❷ 剖析行動方案成效。

拿執行狀況與實際獲得的回饋來檢視關鍵結果的達成狀況，並進一步確認我們距離目標更近了一些，還是偏離方向了。如果原先我們認為在商品售出一個月內增加兩通主動關懷電話，將會提升新客戶的服務滿意度，預計是從8.8分提升到9.2分，執行了一個月後，發現滿意度確實有所提升，但只從8.8分提升到9.0分，這意味著執行主動撥打關懷電話這個行動方案，對提升滿意度是有幫助的，但還沒達到原先預定的成效。

在剖析成效時請務必記得許多的行動都是需要「發酵期」的，例如行銷活動可能不會當天執行、當天立刻有成效，eDM操作可能要一週的時間才會完全發酵，簡訊可能要兩天的時間發酵，銷售類型的行動方案，會隨著產品的銷售週期而有不同的發酵期。

服務類型的行動方案也一樣有發酵期，服務需要看一個區間內特定族群的平均值，而不是僅觀察單一個案，因此通常也需要一段時間累積數據，一週或兩週的時間是恰當的。

❸ 歸結原因。

這是復盤中最困難的一個步驟，在日常的例會中我時常會聽到報告者在報告工作成效時是這麼說的「這週業績超標，感覺應該是這一期的新品客戶喜歡」、「這週Google關鍵字廣告的流量下降了30%，可能是有人在跟我們競爭」、「這週客戶退款比上禮拜多了10%，應該是週二系統出問題所導致」。

這種的陳述只是在描述一個現象，而非剖析原因，對解決問題並沒有太多的幫助。正確的說法應該是：

「這週業績超標，新品的銷售量暴增了30%，帶動整體業績成長25%。」

「這週Google關鍵字廣告的流量下降了30%，確認後發現有競品買了我們品牌關鍵字，同時有一家新的廠商，買了兩組跟我們相同的關鍵字，從這幾個來源的流量減少的比例約28%。」

「這週客戶退款比上禮拜多了10%，90%退款發生的時間點都在週三，推測與週二發生的系統問題有關，目前仍在逐一確認客戶退款原因中。」

回到上頭服務滿意度的案例，在我們採取主動關懷後，服務滿意度從8.8提升到9.0，有時團隊會直接斷定提升0.2分就是這個行動方案最好的成效了。但我認為目前可以獲知的初步結論是「主動關懷確實有助於提升服務滿意度」，但我尚未從數據中獲得的疑問是「上升0.2分真的是極限了嗎？」

當我還有疑問時，我的習慣是再看看raw data（原始數據），觀察數據的分布，如果發現給分並非常態分布，而是往極端好與極端壞兩個方向發展，那我會進一步了解極端好與極端壞的客戶，給的反饋內容是什麼？又是誰服務他們？

藉由數據的深入挖掘，確認我們的執行非常到位，9.0真的是這個行動方案的極限了。但若深入之後發現由特定幾

位服務人員關懷的客人，給的滿意度都特別高，而另一群則特別差，這意味著，**不同關懷方式與話術會直接影響服務滿意度。**

再仔細剖析表現好與壞兩組服務人員的關懷方式後，可能發現幾點關鍵差異。第一，撥打電話的時間盡可能控制在下午5點之後，第二，接通後須先詢問客戶是否方便說話，第三，以正面的口吻了解客戶使用產品的體驗。最後，感謝客戶提供的寶貴建議，然後請客戶給予滿意度回饋。

正確的歸因，對於持續改善才會有正面助益，而正確歸因包含三大重點：

▶ **數據支持**：數據對於解釋問題與現況有顯著幫助，加上關鍵結果看的就是可被量化結果，因此用數據來解釋數據是最科學的方式。

▶ **脈絡清晰**：能有效說明目前數據的成因，影響這個數據的源頭有哪些，逐一梳理出來，數據力中談到的收入結構、銷售漏斗就是一種脈絡概念。

▶ **邏輯順暢**：邏輯必須嚴謹到經得起推敲。

❹ **建立新的假設。**
所謂新的假設便是在經過復盤後，重新設定的新行動方案、新關鍵結果，我們決定採取新的行動，因為我們假設新的行動將能有效解決問題。

❺ 重新校準。

將新的行動方案、新的關鍵結果，甚至是修正後的目標，彼此之間的關聯性進行再次對齊，確認行動方案的完成能達到關鍵結果，確認關鍵結果的達成代表著目標的實現。

❻ 復盤的時機

在棋局中，復盤的最佳時機是在棋局結束後，原因無他，在這個當下印象最為深刻，且更早的獲得回饋，修正的時間便愈早。在企業內帶領團隊時，我也總是在每個事件發生的當下與團隊復盤問題的成因，以及過程中做的好與做不好之處，並設定調整的計畫，因為這個當下記憶最深刻，改善動機最強烈。

然而，上述棋局、特定事件的案例，都是在得到明顯的結果時才進行復盤，另一種則是固定週期的「主動性復盤」。

舉例來說，許多的專家都說多跳繩的小孩子會長的高，為了小孩著想，所以讓他每天跳繩15分鐘，但我在三天後幫小孩量身高時發現根本沒長高，因此斷定跳繩根本不會讓孩子長高，從此放棄了跳繩這項活動。然而，要有明顯的增高效果，或許最短要一個月的時間，不是跳繩沒用，而是持續的時間太短暫。

跳繩的案例，反應了過短週期的復盤，成效還沒出現，導致了誤判，相同的案例還有前面談過的eDM發酵期，如果在eDM發出當天就要復盤成效，成效可能不夠顯著，因為現代人閱讀來自商家的廣告信，週期通常較長，或許有40%的客人會在當天打開，更多的人是在2至4天內的時間

開信，考量從開信到成交也需要一些時間，因此抓一週的時間做為復盤時間相對是恰當的。

另外再舉一個例子，每家公司幾乎都有績效考核制度，而多數的考核都安排在年底的時間，由管理者與每個員工做一對一的面談，然而這樣的考核方式往往都流於形式，原因是管理者根本不會記得年初時員工的表現，只記得最近幾個月甚至這兩個月的狀況，因此也只能針對他印象所及來考核與回饋。

如果員工的問題一直都在，只是你到了績效考核時才告訴他，他就這樣錯了一年，如果員工年初表現很好，但年底的時候狀況較差，他可能因此獲得一個差評，反之，若員工年初表現一直很差，只有最後兩個月表現良好，因此獲得了一個優評，這又是否公平呢？都回饋週期過長，員工復盤的機會也大幅減少了，缺乏復盤，員工的進步很容易停滯。

太短或太長的復盤週期都有問題，那究竟什麼樣的週期才是恰當的呢？我想可以拆成兩種類型來看：

第一類，事件型

如上述的棋局或特定專案，有一個明確的結束時間，結束的當下就是復盤的好時機，這一類相對單純，而任何全新的任務你都可以先視為事件型，直到你累積了足夠的經驗為止。

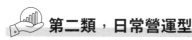

第二類，日常營運型

過去曾做過，而且具備一定熟悉度的工作，例如上方的 eDM、廣告投放、服務滿意度，每間公司一定都有自己的經驗與週期。舉例來說 eDM 是一週、廣告投放可能是三天、服務滿意度也是兩週，但在此我也要特別提醒，若能有效的減少取得有效回饋的時間，提高復盤的頻率，將會有助於更快的修正，但怎麼做呢？

以 eDM 為例，若要完整的觀察一次 eDM 操作的整體成效，或許需要一週的時間，但若想要提早知道這次的 eDM 做的好或壞，其實也不是太難的一件事。若我們掌握了過去客戶對 eDM 的反應，當天便會開信的客戶占 40%，第二天開的占 30%、第三天 15%、第四天 10%，五天以上的占 5%；因此，若在 eDM 發出的一天後，成交了 20 張訂單，便可以從歷史數據中概略估算出一週時間可能的訂單數約為 20／40% ＝ 50 張。

在數據力章節中，其實我就談過這個觀念，數據除了讓我們掌握現況外，也會讓決策速度與正確性大幅提高，因此，想要有效提升復盤的頻率，掌握數據是關鍵。每一次的復盤，對企業與個人來說，都是個突破與成長的機會。

策略力這個章節，我們策略的形成、目標設定、關鍵成果定義、行動方案設定，再到執行過程的復盤與校準，策略規劃不是一次性的工作，檢視內外部環境，在每一次復盤時重新思考，策略與執行之間便會愈來愈一致。

敏捷力

面對多變環境的關鍵能力

BUSINESS THINKING

隨著資訊科技的進步，世界的情勢變得愈來愈詭譎多變，企業所面臨的環境也愈來愈不可預測，農業時代，春耕夏作，秋收冬藏，一切按著季節與時序來；進入工業時代，標準化程序與工法，可以大量產出標準化且品質穩定的商品，可預測性高與複雜性低；然而進入到資訊與網路時代，信息一日千里，外部環境變化迅速，往往無法清楚掌握一年、半年，甚至三個月後的狀況。

我們再也無法一廂情願的認為未來是清晰的，可被精準預測的，與之相反，甚至有人提出當前企業所處的環境面臨著VUCA的挑戰。VUCA的意思是「波動性、不確定性、複雜性與模糊性」（Volatility, Uncertainty, Complexity and Ambiguity），環境的起伏變化大，缺乏可預測性，交互影響與因果關係複雜，而未來的能見度非常短，十分的模糊。

在這樣的局面下，有許多人開始倡議，企業與組織應該開始提高敏捷性（agility），讓自己具備更強悍的應變與持續推進能力。敏捷這個詞，最早是由軟體開發領域紅起來，強調的是「**透過頻繁的交付可運作的商品或服務，藉此更快的提供價值，並盡快的驗證客戶需求**」。

簡單的說，過去企業作一個產品，動輒半年一年，但這個產品是否滿足市場期待呢？這個疑問恰恰是VUCA的寫照。企業跟過去一樣，在研發與生產產品前一樣做了很多客戶分析與研究，才決定做這樣的產品，為什麼這樣的產品會無法滿足客戶需求呢？

因為市場變化太快了，半年時間內，競爭對手可能已經

先推出同類型，甚至更棒的產品，國內與國際的法令可能也有了變化，供應鏈可能出了狀況，團隊也可能有所異動，甚至客戶對產品的期待可能也不同了。在這些變化下，原先規劃妥當的產品，半年後早已不合時宜。

不是你的產品不好，而是環境變化太快了。如果企業不調整組織的運作方式，讓自己具備更強的應變與調整能力，很快便會被世界所淘汰。

「敏捷」這個詞在互聯網爆發成長的這些年，在大陸早就被廣泛討論，而近兩年在台灣也興起了一股敏捷風，凡事必談敏捷，但我這麼多年觀察下來，我發現敏捷這詞被過度的曲解與濫用了，怎麼說呢？

有些人以為每天早上開個站立會議、用看板來管理開發工作，這就是 Scrum（一種敏捷軟體開發的方法學），就是敏捷實踐；有另一群人，把需求變來變去，朝令夕改，讓技術團隊不斷變更優先順序，搞得大家疲於奔命，然後丟下一句「你們要更敏捷才行」；最糟糕的是那些，明明能花點時間就把問題釐清，少走許多冤枉路的事，卻要急就章去做，然後碰個滿鼻子灰才回過頭來修正，說「我們要加快迭代速度，才能應付這些不確定性」，其實，不確定性很多都是自找的。

對敏捷錯誤的認知，很容易導致錯誤的結果，在長鞭效應（bullwhip effect，意指手握鞭頭的一端，輕微的擺動，到鞭尾時將形成重大波動）的影響下，流程最末端的研發團隊與程式師們，卻必須以超時工作來填補專案的不斷變更而衍

生的額外工作。身為領導者，千萬不能以這種錯誤的敏捷觀念做事，否則最終將累死自己，也累死團隊。

若你想瞭解敏捷真正的精神，我建議你看看 agilemani-festo.org 上所述的敏捷 12 原則。

敏捷 12 原則

在談敏捷力之前，讓我們回顧一下前面幾章談到的內容：

❶ 數據力。

讓你掌握公司現況，而且有資料的支撐，我們跨部門溝通與做決策時，會更有依據，更準更高效是一個可以期待的結果。

❷ 運營力。

所有的任務都圍繞著為客戶提供價值，任何無法為用戶產生價值的事，也無法為公司帶來長期利潤，這樣的思路，有助於提高決策時的一致性。

❸ 策略力。

讓公司的目標從上到下認知一致，所有人都知道為何而戰，所有人都能站在戰略角度思考，決策不容易失準，而且策略的調整速度也會快上許多。

❹ 敏捷力。

讓資訊一致且透通；運營力與策略力則有效的凝聚了共同的方向與目標，三者對於企業的敏捷性都有極大的幫助，往下的篇幅我會一一為大家說明。

01 更快更好、更有價值

　　敏捷的核心精神是**及早且持續的交付有價值的成果**，企業做的所有事情必須要能創造價值，若推動敏捷，卻無助於創造價值，那就很容易淪為為敏捷而敏捷，然而，怎麼做才符合敏捷呢？這個問題其實過去我曾被問過不下百次，我希望大家不要去背敏捷的 12 原則，因為這很容易落入為敏捷而敏捷的陷阱中，我的建議是在經營與管理上持續追求「更快、更好、更有價值」。

　　「快」，在互聯網時代，通常強調的是應變的快，調整的快；「好」，就是交付的品質，說得出做的到，總是能交付出可預期的成果；「有價值」，則是源自於方向與優先順序正確，這與企業戰略與目標設定有關。

　　在追求更快、更好的價值創造過程，企業會思考如何排定優先順序，盡快且高頻率的交付成果獲取市場反饋，並在過程中不斷的強化效率與品質，而能做到這樣，不論你崇不崇尚敏捷，企業都會在一條持續進步的道路上。

更快的交付價值

在策略力的章節中曾與各位讀者聊過關於策略價值排序的議題，相信大家對於價值的定義應該是清晰的，只是，我們要怎麼做才能更快的創造價值呢？我舉幾個案例給大家參考。

第一個案例。

今天公司內有個很重要的專案，這個專案完成後的效益是每個月能為公司帶來 1,000 萬美元的營收，但案子需要半年的時間才能完成，半年的時間，換取未來每月 1,000 萬美元營收，感覺起來挺划算的，業務單位認為值得等待。這是一個簡單的數學算式，如果這個案子從一月開始，原先專案的做法要到下半年才能開始發揮效益，那今年可以創造的價值就是 1,000 萬（美元）×6（月）＝6,000 萬美元。

但我認為半年時間的等待期太長，而且過程的變因太大，根本無法保證半年後專案上線真能創造 1,000 萬美元／月的成效，甚至連能否順利上線我都存疑。因此我建議提取這個專案中最重要且最有價值的前 25% 工作優先進行。

我的觀點是：假設在 1 個半月的時間內，我能完成專案中最重要的 25%，並每月先創造 400 萬美元的營收，並在緊接著一個半月內再完成次重要的 25%，讓每月因此專案而增加的營收提升到 700 萬美元，接著按 150 萬的效益增加至 6 月，那有什麼道理要等半年的時間才享受那第一筆的 1,000 萬美元呢？

我用下面的公式拆解給大家看：

2 月：$400 \times 0.5 = 200$ 萬

3 月：$400 \times 1 = 400$ 萬

4 月：$700 \times 1 = 700$ 萬

5 月：$700 \times 1 + 150 \times 0.5 = 775$ 萬

6 月：$850 \times 1 = 850$ 萬

7~12 月：$1,000 \times 6 = 6,000$ 萬

$200 + 400 + 700 + 775 + 850 + 6,000 = 8.925$

創造的總價值是 8,925 萬美金，比原先的 6,000 萬美金高出了近 50%，這還不考慮第一種作法因為需求變更而產生的重工與風險。而第二種逐步交付的做法，除了提早創造價值外，過程中多次的交付更有助於獲取市場與客戶的回饋，大幅提升市場的把握度，並且有效降低風險，不論從價值面或風險面，逐步交付都比一步到位的方式來的妥當。

第二個案例。

過去在帶領產品團隊曾有一位產品經理跟我討論新產品計畫時提到：「雖然我們核心的 AI 模組已經完成，但我想需要先將登入與會員管理的功能都做齊才能開始找客戶使用，研發團隊說需要 2 到 3 個月左右的時間才能搞定。」

我反問：「我們的當務之急是什麼？是讓客戶能登入，還是讓客戶可以開始使用 AI 模組？」

他回答我：「是後者。」

我說：「對，那為什麼我們還要等待2到3個月？為何不是現在盡快讓客戶使用我們的服務？」

他說：「沒有登入就缺乏身分認證，沒有會員管理我們後續maintain會比較辛苦一點。」

我說：「會員模組在之後我想會很重要，但在我們長大到50位客人前，它不應該有這麼高的優先級，而且這部分對客戶來說價值並不高。當產品處於早期階段，我們應該圍繞著對客戶價值最高的工作優先進行，並不停的為客戶創造價值。」

當想做的事情愈多，便愈缺乏價值排序，而更快交付價值的中心思想自然也不復存在。

第三個案例。

我先前負責在線英語學習平台時，平台中有不同的商品類型，因此也衍生了多種使用者角色、權限與流程，過往專案的管理方式都是一次完成所有商品與使用者角色的功能修改與測試後才完整上線，而這過程往往需要花費2至3個月。

有次我對此作法提出了疑問：「A商品的客戶數占了6成，我們為何不能針對A商品，先開發先測試，縮短功能的上線時間，讓這6成的客戶可以優先享受新功能？」

PM對我這個提問感到疑惑，他說：「因為過往的經驗都告訴他畢其功於一役是最簡單的管理方式，我這樣會增加專案管理的複雜度。」我告訴他：「如果我們心裡想的都是減少自己的麻煩，而不是思考著如何更快的創造價值，公司很

快就會失去競爭力。」

我緊接著說：「如果今天我們做一個電商平台，會員跟登入功能都好了，但缺乏一個商品上架後台，你只能手動一個一個上架商品，此時，你要不要上架商品開始做生意呢？還是你仍會等待商品上架後台完成後才開始上架？我想你肯定會選前者，有什麼道理放著錢不賺呢？」

如果我們可以在三週的時間內先讓其中6成客戶使用，有什麼道理要他們等2到3個月呢？從這次的討論之後，部門內所有的專案都是按著這個邏輯來進行，而流程上的問題，我們也很快地獲得解決。

永遠要記得，最重要的是如何更快的為客戶創造價值。

更有效的投入

延續前一段落的案例，一步到位的專案管理方式被稱為瀑布式（Waterfall）專案管理方法，而逐步交付的方式則被稱為敏捷式（Agile）或迭代（Iteration）專案管理方法。在過往分享與敏捷相關議題時，我總會提到一個很有趣的案例，敏捷的推動會讓你做更少，得到更多，資源的投入上會更加高效，以下是我的經驗與觀點。

假設公司年初時列出四個專案，算出每個專案的價值後為專案進行了排序並都需時三個月，相關概念如下頁圖5-1。

A專案：完成後每月可增加業績6,000萬
B專案：完成後每月可貢獻業績4,000萬
C專案：完成後每月可節約3,000萬費用
D專案：完成後每月可貢獻業績2,000萬

A專案		B專案		C專案		D專案	

1/1　2　3　4　5　6　7　8　9　10　11　12　12/31

5-1　專案年度規劃

　　按上一段落的算法，你可以很快的算出ABCD四個專案在今年創造的成效，但若今天我們調整專案管理的方式，將每個案子都拆分成1.2兩部分，A專案就拆成A1與A2專案，B專案則是B1與B2，依此類推，並計算出每個案子的價值，並按價值的高低進行排序，我們可以得到如右頁圖5-2的結果。

　　案子中工作的價值絕對不是平均分布的，最重要的10%工作或許便創造了50%的價值，而前50%的工作，或許創造了80%的價值，後50%的價值往往只占整體的極小部分，而這並非誇大，而是管理上的真實狀況。上述案例中，我們專案的進行順序是：

　　A1專案－4,500萬

A專案：完成後每月可貢獻業績6,000萬

A1：4,500萬/A2：1,500萬

B專案：完成後每月可貢獻業績4,000萬

B1：3,200萬/B2：800萬

C專案：完成後每月可節約2,000萬

C1：1400萬/C2：600萬

D專案：完成後每月可貢獻業績1,800萬

D1：1300萬/D2：500萬

| A1 | B1 | A2 | C1 | D1 | B2 | C2 | D2 |

| 1/1 | 2 | 3 | 4 | 5 | 6 | 7 | 8 | 9 | 10 | 11 | 12 | 12/31 |

5-2 敏捷式專案年度規劃

B1專案－3,200萬

A2專案－1,500萬

C1專案－1,400萬

D1專案－1,300萬

B2專案－ 800萬

　　我們可以看到，A1、B1專案的價值一枝獨秀，而其他專案的價值則大幅下降，B2專案開始便降到800萬了。而從年初的到6月底這段時間，肯定還有其他需求進來，而若這個案子的價值高於7月之後的案子，那便會被優先排入計畫

中。假設E1專案的價值是1,400萬，那便會被安排在D1專案之前進行，專案的順序是動態的，若有更重要的事情進來，則會被優先進行。

回過頭檢視兩種不同方法的全年成效你會發現驚人的差異，A專案在兩種管理方式中，都會在上半年完成，差別只在於敏捷專案管理會更早的創造價值，而B專案在瀑布式管理方法中也會在上半年完成，但在敏捷中則只有完成B1，B2的價值相對較低，因此尚未投入資源，反而做了價值更高的C1專案，一樣半年的投入，敏捷式管理方法不斷地找尋現存工作中價值最高的部分優先執行，創造的效益明顯更大。

當我們聚焦於創造價值而非追求完整時，每個單位時間所創造的價值便會不斷提升。

迎向VUCA的挑戰

本章開頭，我們談到企業面臨著VUCA的挑戰，而提高企業的敏捷力會是一個很有效的解決方法。在策略力章節中我曾提過，企業一次做一整年度的策略規劃，到年底真的按計畫來的比例極低，這是因為一年的時間內產生幾百次的變化，足以推翻年初時的計畫。右圖5-3是我常用談計畫與實際間的落差的概念圖。

在做計畫時，我們往往僅能就目前掌握到的資訊進行規

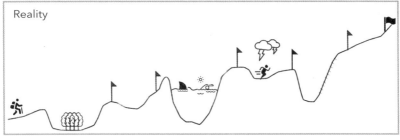

5-3 計畫與現實間的落差

劃，但這一切的前提假設都是我們**能掌握後續的變化**，但預測未來就如同你遙望遠方一般，或許你能看的清楚50公尺內的事物，但到了100公尺，你大概只能辨識那是什麼，但無法看清楚細節，距離拉到500公尺，你只能依稀從外型辨識出它可能是什麼，但你沒有那麼高的把握度，隨著距離愈來愈遠，辨識率變愈來愈差。

而計畫也是一樣的，我們能清楚的掌握今天的工作，對於一週內的工作也有90%的把握度，對一個月內的工作只剩70%的把握度，三個月剩50%，半年剩30%，時間愈長，對工作的把握就愈模糊，在如此模糊的狀況下，做好的計畫肯定大大偏離現實。

在大公司內，我們往往假設未來是可被預見，因此偏好

完整的計畫，因此計畫負責人花了許多的時間收集資料，擬定完整的計畫，前後耗時兩三個月，但實際執行時卻還是一一被推翻了。

然而，若做計畫時，先將目標定下來（請複習策略力的OKR，見p.181），接著先就我們看得見的部分做計畫，如下圖5-4所示，目前我們只看的清楚到A點之前的狀況，那就先為Start到A這一段路途計劃，並優先進行，隨著我們往前走，會漸漸看清楚後面的狀況，到達A點後再接著往下計劃第二段。

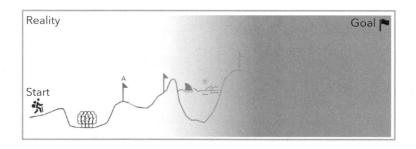

5-4　針對看的見的部分做計畫

當我們每往前推進一個段落，便可以看清楚下一個段落，並為這個段落進行規劃，所以本來一步到位的計畫，會變成如圖5-5的狀態。

Start→A：*會經過一塊盆地與樹林。*
A→B：*經過一段平穩的路線。*

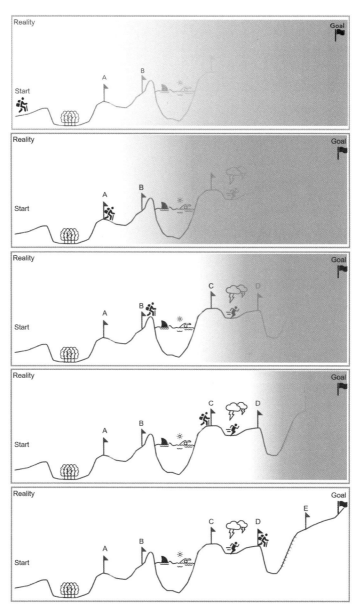

5-5　針對看的見的部分做計畫

B→C：會經過一個危險水域，水中有鯊魚，但我們需要泳渡過去。

C→D：會有大雷雨，而且持續不會停，我們必須盡快通過。

D→E：要先垂降到山谷下，再攀登1,000公尺到達對面的山頂。

E→Goal：經過一段有些坡度的路線抵達終點。

而在規劃與執行過程中也不要忘了策略力所談到的校準觀念，盯著目標進行規劃，方向上才不容易走偏了。

你或許會想問：「這跟過去專案分階段進行有什麼差異？」

中間的差異還是挺大的，過往將大專案拆成小專案，大多是為了方便確認進度，而不是以交付為導向，也就是說每個階段工作結束後，是不能給客戶使用的，只是作為一個內部的 check point；此外，大專案拆階段，拆解的邏輯也不是優先進行最有價值的工作，而是按大專案規劃的工作順序，先完成 1.2.3，再完成 4.5.6，最後搞定 7.8.9.10，然後整批交付，但敏捷的做法卻是優先交付最有價值的工作，第一個迭代可能是 1.2.8，第二個迭代是 3.5.7，最後則是 4.6.9.10。

你可以看到，傳統做法的前提假設還是可預測式的完整計畫，只是拆成多個專案階段，但敏捷強調的則是**在已經明確的內容中找尋最有價值的事情優先進行**。

在此，你可能會提出第二個疑問：「那萬一目前看得見的部分都不是價值最高的怎麼辦？」

在回答這個問題前，我想先談一個觀念，那就是沉沒成本，根據維基百科的定義，**沉沒成本**（Sunk Cost）亦指已經付出且不可收回的成本。簡單一點說，如果一件事A你花了錢，花了時間去做，做到一半時有人告訴你這件事不應該繼續做下去，應該去做另一件事B，這時，你為A所投入的成本都不可收回了，這便可以稱為沉沒成本。

但為了避免浪費，我們是否應該堅持把A做完再來做B呢？經濟學家們又提出了另一個觀點，他們認為如果你是理性的，那就不該在做決策時考慮沉沒成本，避免讓自己陷入沉沒成本謬誤的陷阱裡。什麼叫沉沒成本謬誤呢？我用下面這個例子來說明。

今天你花了600元買了兩張電影票，準備週末的時候帶女朋友去看場電影，但這週上班時聽好幾位同事劇透了這部電影的一部分內容，然後又在社群媒體上看到一些人分享的觀後心得，看完後覺得這部電影不如原先的預期，或許是一部無聊的片子，但票已經不能退了，怎麼辦？此時你有兩個選擇：

❶ 已經付了錢，不看白不看，還是去看，然後看完後覺得自己浪費了一下午。

❷ 乾脆不去看，認賠600元，再找其他更值得花時間的事情。

你會選擇 1 或 2 呢？如果你選擇的是 1，那你已經落入沉沒成本謬誤的陷阱裡，這並不理性，因為已經花的 600 元，不只無法為你創造價值，還多占用了你一個下午的時間。

回過頭來談第二個問題：「那萬一目前看得見的部分都不是價值最高的怎麼辦？」

我的答案是「歡迎變更」，如果現在做的不是最有價值的事，那應該**中止目前手上的工作**，而去做更有價值的事，這不是一個容易的決定，因為會有很多人勸你要把手邊的事情做完才不會浪費，**但你愈是這樣做，便會發現你愈難專注於有價值的工作上，也會為了避免自己落入沉沒成本與價值間的選擇，而傾向於回到在規劃前期就把所有事情想清楚的局面**，此時的你，便失去了敏捷性。

短週期、逐步交付的工作方法

「為期半年的專案，管理的難度是一個月專案的 10 倍以上」，這句話是每次我與一些資深員工分享為何我們應該縮短交付週期時必然會提及的一句話。接著我會問大家：「如何確保市場與老闆的需求不變更？」

聽完這個問題後，大家會提出很多很有意思的方法，例如「將功能凍結，不允許變更」、「更完善的市場調查與用戶訪談」、「做好向上管理」等，這些方法都是可行的，你也應該盡力去做這些事，但是否有更好的方法，讓變更發生的機

率與影響範圍大幅下降呢？

我的答案是**縮短交付週期**，半年的案子，中間因為規劃不良、市場變化、老闆期待而產生的變更可能有數百次，但若我們將案子縮小到 2 週交付一次，2 週內規劃的範圍小，規劃出錯的機率大幅降低，2 週內市場與老闆期待變化發生的機率也小，因此專案會處於相對穩定與可控的狀態。

不做任何事，光是縮短交付週期，我們對變更的控制能力就會提高，我曾說過一句玩笑話：「要避免變更，就是讓客戶連變更的機會都沒有，他早上提出，你下午就交付了，他只能在你交付的內容上給反饋，並修正第二版。」。

短週期的好處顯而易見，不過許多人更傾向於做長週期的專案，這是因為短週期的交付壓力大，而長週期給大家一種錯覺，認為有許多地方能塞各種 buffer，前半段將 buffer 耗盡，導致專案在後半段時壓力陡升，拚了命的加班，只為了趕上交期。而逐步與分段的交付方法，與短週期的概念是相輔相成的，舉例來說，如果今天老闆交代要做一份關於產業研究的報告，但先前你沒有做過類似的報告，老闆也無法很具體的說明他所期待的報告細節時，你會怎麼做？

如下頁圖 5-6，一般我們會先提交一份 agenda 跟老闆確認方向，跟老闆確認這份報告會講到 1.2.3 三部分內容，沒問題後你開始針對這三部分補上細節，並產出一份 draft 版，接著再與老闆確認 draft 版本的內容是否符合期待，老闆給了一些反饋意見後，你再修改成 final 版本。

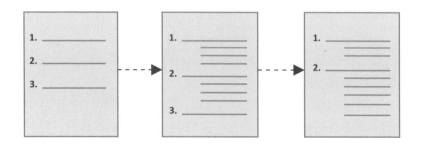

5-6　逐步交付工作法

　　透過逐步交付的方式，一段一段的跟老闆確認需求，可以有效的縮短你與老闆間的認知落差，也可以大幅減少做錯重來所衍生的額外工作量。

　　接受不確定性，承擔部分風險；先往前走，**歡迎變更**，當有更高價值的工作出現時，果斷調整手上的工作；**短週期，小批量的交付價值**，小步快跑，每一個步伐都不大，但卻能很快的交付成果並修正方向，這是面對VUCA挑戰下的管理方法，也是當下職場工作者必須學習的工作心法。

不只是工作方法問題，更是組織架構問題

　　我曾在2018年的敏捷峰會Agile Summit中提到一句話：

「敏捷若無法跨出技術部門，就不可能眞正敏捷。」這句話背後談的，其實是「上游思維」，所謂的上游思維我喜歡用一個案例來解釋。

今天你住在某條河川旁，生活所需的用水都仰賴這條河川供給，一切都很愉快。沒多久，在河川的上游搬來了另一群人，他們不只仰賴河川供給生活用水，還用河川來排廢棄物與廢水，不道德的行爲，直接侵害了你們的權益，身爲下游村落的居民，此時你會如何處理這個問題？

❶ 去理論，告訴他們這樣不對，不應該這樣做。

❷ 搬到他們上游去互相傷害。

❸ 請公家單位來處理。

❹ 把河道截成兩條，一條倒垃圾使用，一條正常用水。

在工作上，這個上游就像是你的老闆或合作部門，你是否要喝廢水，很大一部分就仰賴他們，你可能沒本事搬到他上游，也不會有公家單位會來幫你處理這個問題時，你怎麼辦？

上游、中游、下游，這是整個河川系統，中、下游的局部最佳化始終無法解決根本問題，就如同你若只在部門內做優化，而不去改善與外部的溝通與分工方式，那成效始終有限。因此在大型組織內推動敏捷時，除了部門工作方法改變外，組織架構與分工方式的調整也很重要。

過去我在帶領團隊時爲了提高整體的工作效率，並創造

更高的價值，曾在兩年內進行了幾次重大的組織調整，原先的組織架構是標準的**功能型組織**，如圖 5-7。

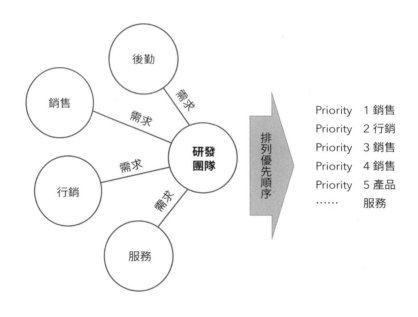

5-7　功能型組織

各部門對研發部門提出需求，研發部門則依循一套機制來排序所有部門的需求，並且按著談定的順序進行開發工作。

然而，公司此時仍在追求快速成長，因此銷售與行銷的需求往往會優先被考慮，而服務與後勤的需求，以及研發團隊針對產品或技術架構優化的需求，則往往被置後。需求順

序往往偏重支援短期的營收增長，而客戶服務與產品優化等長期專案則嚴重被忽略。

有鑒於此，我們構思將一部分的研發資源放在處理各功能部門的短期性需求上，我習慣稱這樣的團隊為**功能部門研發團隊**，或者稱呼為**產品型組織**；另一部分資源則專注於產品與技術的持續進步上，這個團隊我則習慣維持**研發團隊**這個稱呼，如圖5-8。

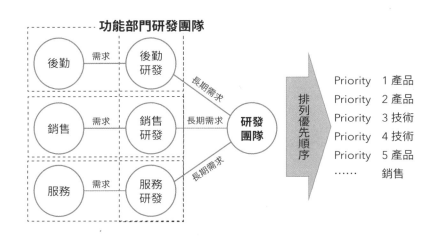

5-8　功能 + 產品型組織

這樣的組織架構，雖然可以同時兼顧長期與短期的需求，但那些被分配在功能部門的研發成員們則難免會有所怨言，總認為自己所做的事沒有太高的技術含量，更多的是

例行庶務與簡單的程式設計工作，時間久了便會失去工作熱情。我們曾經嘗試過輪崗，讓成員能在各團隊間輪替，但在幾次調整之後，我發現這樣的做法成效並不好。

因為所有人都傾向於做那些看起來更高價值的事，如果技術領導者在做組織分工時，已經先排出團隊價值的高低，那被分派到低價值團隊的成員，自然會覺得自己的工作價值不高，也會覺得自己是不被重視的一群，團隊的向心力、熱情與使命感都會大幅降低。

為了有效的解決這個問題，我們又嘗試了第三種組織架構——矩陣式研發團隊，如圖 5-9。

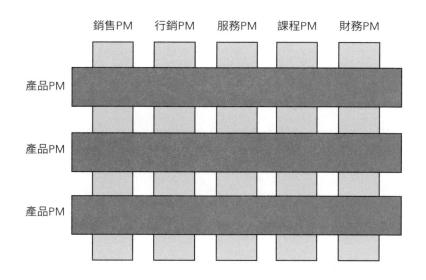

5-9　矩陣式研發團隊

矩陣式組織架構最主要的特色在於，重新定義了功能部門研發團隊的角色。過去我們指派給這個團隊的任務是支援功能部門排除問題與開發短期需求，現在我們則把各個功能部門定義成一個個獨立的產品，每個產品都有單獨的產品經理負責，而這個產品經理的核心任務就與各功能部門的產出直接掛鉤。

　　例如，銷售系統被定義成一個獨立的產品，它擁有自己的銷售PM，目標就是讓銷售部門達成所有KPI，可能是業績、退貨率、客單價提升等。

　　當角色從消極的支持轉為積極的負責後，團隊的定位就更加清晰且重要了。

　　此外，推動矩陣式組織的另一個觀點是，產品經理可以通過改善產品，或通過運營的手法來促使業績達成30%的增長，然而產品經理始終是產品專長，對於銷售、行銷、服務的理解並不見得非常深入，因此，若能在銷售、行銷、服務等崗位上設立產品經理的職務，肯定也能對增長帶來重大效益。

　　舉例來說，如果銷售PM能通過技術帶來30%的銷售效率提升，就能一次性的讓多個產品同時受惠；如果服務PM能通過技術更個性化的服務顧客，有效的降低了15%的退換貨，也有機會讓數個產品都得到提升。過去經驗裡，這些PM本身都熟稔技術與業務知識，能同時從兩方思考系統問題，所提出的解決方案往往會比純技術PM或純業務PM來的更加到位。

從這個角度來思考，功能部門研發團隊的重要性便明顯提高了，他們能直接為公司的績效帶來貢獻，團隊成員們有了相對清晰的目標，使命感與熱情便有了非常明顯的提升。

　　到這個階段，組織架構與分工已經較為成熟，面對內外部的運作流程都漸趨於順暢，團隊的應變能力也變得愈來愈強，但我同時也發現這樣的組織架構仍無法很有效的因應創新型的業務，例如新產品、新市場、新業務，要這些新創型的團隊來遷就既有的組織架構與流程，溝通效率不僅無法提升，還綁手綁腳，因此後來我又推動了另一種組織，我稱之為**戰鬥小組**，如圖 5-10。

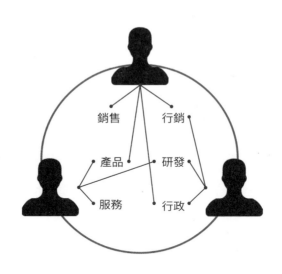

5-10　戰鬥小組

當你面對極端不確定的環境，例如全新市場、新科技早期的技術探索等，組織過大的產品型團隊一來成本高，二來效率也會受到限制，此時，最佳的解法通常是派出2到3人的團隊組成戰鬥小組，在這團隊中所有人都是多能工，每個人都能同時處理多個職能的工作，如同新創團隊一般，小而全的高效運作。

以創業團隊來說，剛起步時大多都是創始團隊組成戰鬥小組，隨著市場需求的釐清與擴張，會逐漸轉為產品型，然後隨著分工愈來愈清晰，制度愈來愈完善，則會步入功能型或變成混合型組織。

組織變革與轉型的過程非常艱辛，因為你很難找到一體適用的 best practice，而是需要持續摸索，慢慢找出一條路來。當時曾有一個 team leader 問我：「**Gipi，不斷打破與調整流程，讓大家忙得要命，背後追求的到底是什麼？**」

我說：「進步。忙是一時的，但你想想一年前我們做一樣的事情花多少時間，現在又花多少時間？針對一個異常，我們過去是發生後才知道，現在我們已經可以弭平於未發之時。從前我們沒日沒夜的工作，換來的卻是很多謾罵，但現在我們花更少的時間，卻換回更多的掌聲，因為我們持續在進步。」

需求管理不當、時程估算誤差大、未以正確態度面對不確定性、專案過程控管差勁、跨部門溝通低效，卻總是靠著加班來填補落差，團隊可以靠著熱情撐過一小段時間，但隨著時間延長，總是會乏力，管理者應該要以持續進步為職

志，而不該沾沾自喜於團隊的超時工作。

記得，永遠都要追求更快、更好、更有價值，別用戰術上的勤奮，來掩飾戰略上的怠惰。

02 取捨、排期、妥協、根本 解決問題

　　前面花了較多的篇幅跟大家介紹敏捷的一些重要觀念與好處，緊接著我將與大家分享我們在產品、行銷與營運工作的具體實踐。

以最小可行產品來驗證市場

　　最小可行產品（MVP, Minimum Viable Product），這個詞在創業圈裡廣為人知，意味著與其做一個大而全的產品，不如先做一個小而美，但能解決客戶關鍵痛點的產品。前者花的時間與時間可能是後者的10倍，而得到的結果卻不見得優於後者。

　　幾年前我負責在線英語學習產品時，為了有效提升客戶的上課率，我提出一個結合課程推薦、課表安排與學習計畫的產品構想，但因裡面涉及蠻多產品設計上的調整，整體工作量不小，雖然我們可以運用小增量，透過不斷迭代來修正，根據我的經驗，我估計大約4到6個迭代，約莫4到5個月左右的時間，便可將產品調整到位，我還是希望能盡可能

縮短這個時間。

因此我跑去找服務部門的主管討論這個產品構想，她一聽覺得這個構想真的棒透了，但我也同時告訴她所需要的時間不會太短，因此我希望他們**先以人工的方式來提供這項服務**，一來是試水溫觀察客戶對這項服務的反應，二來人工處理的好處是調整速度快，今天討論完，明天服務方式就改掉了，對模糊問題的應變速度人通常比機器快，服務主管很乾脆的答應了，只要是為客戶好的事情，怎麼都得做。

我們討論了兩個小時，隔沒兩天，我們的第一個MVP以人工服務的形式上線了，中間我們經過了一個多月的回饋收集與流程多次的修正，最終找出一個可以提高客戶學習成效與積極性的做法，而緊接著，我們再花了一個月的時間將核心功能上線。上線後客戶使用的非常頻繁，而且符合多數客戶的期望，後續調整的幅度不大，這是因為先前我們已透過人工的方式迭代了數十次。

讓行銷愈做愈好的奧祕

企業內的工作，若論不可預期性與不確定性，行銷通常排名第一。

每當我問行銷部門：「你有多少把握，在預算不超支的狀況下把業績做到？」通常我會得到一個挺模糊的答案：「不確定，做做看才知道。」當我進一步追問原因後，一般會

得到這樣的答案「要看廣告投的怎麼樣」、「要看其他競爭對手的行銷操作」、「不確定新商品市場的反應如何」等外部因素。

在數據力與運營力的章節中我談過通路與新舊客戶的概念，當你的業績來源過多的仰賴付費通路，如FB廣告，這意味著業績的達成，受FB廣告政策的影響愈大，你對這個通路的業績把握度很低，而FB什麼時候會調整廣告政策，以及調整後會影響多大呢？不知道，只能等發生時再來修正。

過去幾年，行銷工作面臨著高度的不確定性，但我們不能放任這些不確定性的存在而無所作為，前一個段落我曾說過敏捷能協助企業有效因應VUCA，我便以行銷領域上的應用，來為大家解構敏捷在行銷上的幾個運用手法。

首先，如何消除行銷過程的不確定性呢？我想請大家回顧一下2-4章節中（請見p.71）談論更有效的業績預估方法的小節，當我們對業績的分布更有把握時，不確定性自然降低，搭配運營力中談到的方法，將相對可控的非付費流量與舊客戶回購比例逐步拉上來，行銷專案將會愈來愈好做。

基本的觀念先建立後，緊接著帶大家體會一下短週期、小批量逐步交付的方式如何應用在行銷專案上。我一樣舉eDM的操作為例。eDM在很多人眼中就是一種觸及低、轉化差、封鎖率高，不太容易成交的行銷方式，然而，這極可能是一種誤解，若操作得宜，eDM的觸及與轉化效果不見得比廣告差，我在數據力與運營力兩個章節中都曾經分享過我

們是如何操作eDM，大家可以稍做回顧，並搭配往下的內容閱讀。

過往行銷部門操作eDM都是一次對所有人發相同的內容，這種粗暴的促銷方式基本上是罔顧客戶的權益，當客戶多次收到他不感興趣的內容後，將發信者加入黑名單也是很正常的，因此高封鎖率很大一部分源自於這種無差別式的eDM操作。

正確的操作手法應該是**分群＋小批量**的操作，局部驗證後才擴大發送規模，具體的操作方式是這樣的。我們會先針對既有的名單進行分群（請見p.82），可能按年齡、性別、職業、銷售階段等標籤將客戶分成若干群，舉例來說其中一群可能是「25-30歲、男性、工程師、瀏覽過商品」的客戶，而我們要推出的新產品所設定的TA便是這群人。

這個群的人數有10萬人，我們可以選擇一次發給這10萬人，並獲得0.5%的最終成交率，也可以選擇先發給其中的5,000人，然後觀察這5,000人的展信率、點擊率與成交率，根據表現較差的部分進行調整，並再次發給另外的5,000人，經過幾次試驗後你可能找出一個展信率25%、點擊率40%、最終成交率為5%的主旨、內文與商品組合，此時便能將這個eDM發送給10萬人，並獲得近5,000筆訂單的成果。

在行銷操作上，切莫只將重點放在成交上，而該思考我們如何在一次又一次與客戶互動機會中，對某一群客戶的偏好愈來愈了解，因為行銷不是只為做客戶一次生意而存在，

而是期望客戶能不斷回購，成為品牌的忠實客戶。因此，除了成交外，更該問問自己「往後如果再碰到這群客戶，我能否更快更有效的成交」。

行銷專案是一個階段性工作，但多數的行銷從業人員都是長期負責手邊的行銷工作，不是搞定這個案子就沒事了。要檢視你跟團隊是否持續進步，只要問自己「在每個行銷專案完成後，我的工作有沒有愈來愈輕鬆？」如果有，意味著你正在持續進步的道路上，如果沒有，通常意味著你完成的短期任務，但對長期卻沒有顯著助益。

營運工作專注於創造價值

過去曾有一次有個業務主管跟我說：「我需要一個管理報表，如果有這個報表，我想業務的生產力有機會提升5至10%。」我跟他了解了一下他的需求，聽起來挺有道理，但現在所有的開發人力都投入在更重要的案子上，短期內不會有人力能投入開發這個報表。

一般而言，這個問題大概就會以現在沒資源作結，但我告訴他：「目前確實沒有資源可以投入，但我可以告訴你在哪邊可以抓到這些資料，以及如何用excel產出你要的報表格式，每次整理或許會花費你1至2個小時的時間，OK嗎？」

他回答我：「當然好，用1至2個小時換取5至10%的業績成長，太划算了。」於是這個透過人工整理的excel，便成

了該報表的第一個版本。很多時候提需求與接收需求的人都容易糾結於解法上，認為該由系統開發功能來解決的就一定得由系統解決，而忘了**解法只是一種手段，解決問題才是目標**，將重點放在目標，而非手段上，專注於創造價值，而不糾結於資源上。

或許各位讀者會認為，這不就是 workaround（解決方法）嗎？是的，當沒有無限多的資源時，一般我們會有幾個選擇，**第一，取捨，捨棄掉部分工作；第二，排期，等待前面的工作完成；第三，妥協，接受 workaround**。

就實務經驗來說，不論取捨做的多好，workaround 永遠都不會消失，因為總是會有一些緊急而不重要的事情發生，而短期內又沒有足夠資源可投入時，workaround 就是一個正確的選擇。雖然很多的技術人員都認為 workaround 是技術債的根源，但我想說的是「workaround 不是問題，有問題的是永遠只有 workaround」。

過去我帶領團隊時，處理問題時我有一個問題解決的三段式方法，如圖 5-11。

5-11 問題解決的三段式方法

在問題發生的當下，應該將重點放在解決問題上，因此 workaround通常是第一選擇；若這個問題是常態性會發生，那緊接著必須在兩天內提供一個臨時解，這個臨時解應該要能有效舒緩問題發生的影響或頻率；最後再提供根本解，徹底的解決這個問題。

在過去，我們運用這種方式解決了無數的技術債，三段式方法，同時兼顧了短期與長期需求，而背後運作的邏輯還是持續追求更快、更好、更有價值。

03 短期敏捷，持續迭代

敏捷除了用在上述專案工作外，其實也非常適合用在日常工作上，以下和大家分享我2015年7月左右的行事曆，如圖5-12。

深灰色的代表公司或部門的既定會議、黑色代表我自己安排的行程，從這邊可以看到，光是「被安排」的行程就多達14個，加上自己安排的工作，每週大約有20多個既定行程，平均一天要開3到4個會議。

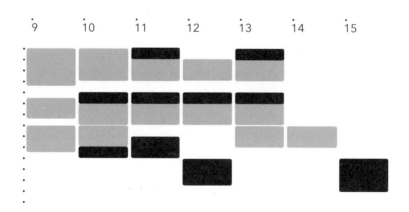

5-12　個人行事曆

經過我有紀律的調整，三個月後的行事曆變成圖5-13的樣子。深灰色的部分減少為5個，黑色的部分數量沒有減少反而增加，而淺灰色的部分則代表私人行程。這三個月來的努力，我讓我的行事曆起了以下變化：

❶ 深灰色部分減少，意味著「被安排」的比例降低了。

❷ 黑色部分增加，意味著「自主安排」的比例提升了。

❸ 考量到公／私行程彼此會互相牽連，導致頻繁的變化，因此也將私事一併排入行事曆中管理。

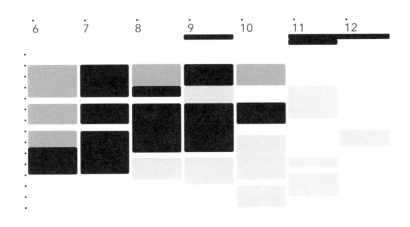

5-13　三個月後的個人行事曆

　　當被安排的比例減少，而自主安排的比例增加，這意味著時間自主權提高了，這與我前面所提到的，必須不斷地降低外部依賴性，主控權才會握在自己手裡，所以我是有意識地去減少會議量，如果老闆要我參加某個會議，我會告訴

他，我如何不參加會議就能解決問題，若問題得以解決，那這個會議就可以不用開了，大家都可以節省時間。透過這種方式，我讓被安排的會議從14個降到5個。

另外，很多人並沒有把自己工作的時間排入行事曆中，兩天後明明有份報告要交，預計要花8個小時的時間才能完成，但在今明兩天的行程中卻沒有將這8小時的工作排進去，所以行事曆上顯示今明兩天都是空的。

空的又有什麼問題？我認為有兩個顯著問題，第一，你可能會忘記自己應該要保留兩個半天或一個整天的時間來完成報告；第二，若有人詢問你今明兩天是否有空可以開會時，你一看行事曆上是空的，很容易就答應了對方的邀約，然而實際上你是有事要做的，中間莫名被安插了兩小時會議，這意味著你必須要加班兩小時，否則報告就趕不出來了。

對時間缺乏主控權，缺乏計畫，對於變更的處理粗糙，對不確定性視若無睹，這都是導致個人工作績效不彰的根本原因。

將週行程當成專案做管理

若你也有時間管理的問題，我建議你可以嘗試將你的週行程當成一個專案，每週一個迭代，確保自己每週都在做重要的事，而且持續的交付價值。概念懂了，但具體實踐又該怎麼做呢？

首先你可以從以下兩個問題思考起：

❶ 每週一的一大早，這個禮拜的所有工作是否都已經確認下來了？做什麼事、花多少時間、安排在星期幾、跟誰討論，以及每件工作最後要交出什麼成果來，這些是否都已經搞清楚了。

❷ 這些事，是否都是相對有價值的工作？如果沒有價值，為何會安排在這個禮拜進行？如果不做這些，應該先做哪些事呢？

過往我在引導他人用敏捷的概念做時間管理時，光這兩個問題就足夠我們討論數個鐘頭了，原因有二：

❶ 多數人都不是以這種模式在思考每週的工作，大多數的時間都是「被安排」，如果沒有人為他安排工作，自己也不知應該做哪些事，很少主動去確認工作，更少主動安排工作，總認為時間到了自然會有事做。

❷ 很少思考每項工作的價值，就是日復一日的重複著手邊的工作，相信有做事總是會有價值的，卻也不曾懷疑這樣做有什麼問題。

我曾在一次企業的主管培訓中請主管們打開自己的行事曆，我針對行事曆上某個例行性工作提出了三個疑問：「**為什麼要做這件事？**」、「**不做會怎麼樣？**」、「**非得你來做嗎？**」，現場我希望他回答這三個問題，但他覺得我這幾個問題很奇怪，不過他還是如實的回答我了。

這是一個每週定期巡視某個廠房的工作，關鍵點是要確認工廠的儀器沒有損毀或受到破壞，發生的機率不高，大概幾個月發生一次，但還是會發生，若儀器有問題則工人們便無法正常使用，會造成工人們的不便利。

聽完後，我建議他將巡視的工作交給現場表現較好的工人，並給予一些津貼做為鼓勵，一來工人就在現場，他發現問題的時間肯定比你及時，通報的效率比較好；二來讓工人自己來搞定這件事，你每週便可釋出 2 個小時的時間，把時間投入在更有價值的事情上。

其實這個巡視工作的價值非常低，因為發生頻率低，而且即使發生了影響性也不大，但卻要占用你每週兩小時的時間，更可怕的是，你竟然不覺得這有什麼問題。

當我們用相同的標準去看日常的例行工作時，你很快就會發現，每週工作中，真正稱得上高價值的事少之又少，絕大多數都是例行庶務，就是這樣做著做著，但又說不上來是否真能創造價值，而少部分來自老闆或其他部門的插單大多也是緊急而不重要的救火工作。

你要設法讓自己從那些低價值、被安排的工作上抽身，你必須主動出擊、掌握價值、做對選擇，而這一切，便需從日常做起，請你用同樣的邏輯來思考每週行程，當我們可以在每週堅持做著最有價值的事情時，工作與生活的效率便會大大提升，人也會變得篤定與踏實。

個人目標管理

在設定週行程時，我建議除了工作的事情外，也把自己學習成長、日常習慣建立等事情一併排進去，畢竟人不是只有當下這份工作，你的職業生涯、生活、興趣、家庭、身體健康等議題的重要性有時遠比目前的工作重要，若你規劃日常生活時只圍繞著當下，那很容易陷入只看短期而忽略長期的問題中。

若你不知道如何開始，我建議你可以從人際、生活紀律、生理、心理、財務、能力、工作成就、興趣等八個面向去思考你想追求、要改善或想避免的事情來思考哪些事情才是重要的，可以參考下圖5-14。

	想追求的	要改善的／想避免的
人際		
生活紀律		
生理		
心理		
財務		
能力		
工作成就		
興趣		

5-14　個人目標盤點

❶ 人際：同事、同學、朋友、父母、伴侶、小孩，甚至各種廣泛的人際關係，請在表格的右側填入想追求的或要改善的人際問題，例如在想追求的欄位中填入**找到女朋友**，或者在要改善的欄位中填入**改善與同事間的溝通**。

❷ 生活紀律：包含今日事今日畢、固定學習、早睡早起、上網習慣等生活上的方方面面，可能會在右側欄位中填入養成早睡早起的習慣，或改善頻繁划手機看FB的習慣。

❸ 生理：指的是與你身體有關的大小事，例如健康問題、體重過輕或過重、睡眠不足等，改善脂肪肝、降低體脂率、每天睡滿8小時等，就是你可以設定的方向。

❹ 心理：與內心、思考有關的大小事，例如學習焦慮、對某些事患得患失、不喜歡但卻不懂得拒絕、不安全感等，降低學習焦慮感、學會優雅的拒絕或許就是可設定的方向。

❺ 財務：與收入、薪水、積蓄、理財、投資等相關的事，你都可以放在這，例如全年收入要增加20%、加薪15%、學習理財、買房、減少每月支出20%等。

❻ 能力：個人能力的改善與提升，例如學習商業思維、學習簡報技巧、改善溝通表達能力、改善時間管理不當問題等。

❼ 工作成就：針對工作內容、職務、環境上，升遷、輪崗、換工作、換職務、改善工作績效、免於失業、找工作等都可以陳列在這。

❽ 興趣：你感興趣或想要刻意培養，而且不見得與工作有直接關係的，如素描、旅行、閱讀等。

盤點的過程基本上是讓改善標的回到自己身上，而不是圍繞著工作，經過充分思考完後，目標感會變強。接著，將工作上的事情也加入一起考量，想想個人目標中有哪些可以與工作目標結合，當工作中做的事情有一半以上都與個人目標符合時，現職工作與個人發展間便相當契合，做起事情來會感到非常踏實。

與工作目標雷同，個人目標也必須連結關鍵結果，並設定行動方案，接著排入日常行程中執行，並定期的進行復盤與校準，當建立了這樣的習慣，進步，便是可被預期的事。

追求更快、更好、更有價值的人生

全球著名的管理大師拉姆‧查蘭（Ram Charan）曾在一次演說中提到：「為了擁有完整的人生，建議你從兩個角度來規劃自己的職業發展：一是事業成功，二是生活幸福。很多人認為，事業與生活無法兩全，追求一個就得犧牲另一個，但事實並非如此。你必須把兩方面都作為重點，在做新的決策時，要求自己兼顧。只要事業成功與生活幸福兩者無法平衡，責任就全在自己。」

我有個多年的好友，我姑且稱呼他為Jack，我們曾經短暫共事過，我知道他的能力與工作態度，以一位員工來說，我認為他勝任有餘，但他的職業發展一直沒有很好，當那些跟他同時期進公司的人都已經升遷到管理崗位時，他卻還在

基層做著早已熟練到不行的工作。

　　兩年前他找上我，希望我給他一些建議與回饋，他想知道為什麼自己這麼賣力工作，卻始終升不上去。我在深入了解他的工作狀況後，我們有了以下對話。

　　Jack：「Gipi，我是工作能力不好還是機運不好？」

　　Gipi：「我覺得是工作方法不對，在錯誤的地方施力。」

　　Jack：「什麼意思？我老闆一直說我很盡責，做事到位，也沒有說我做的很好，很少質疑我的工作成果。」

　　Gipi：「這就是問題所在，老闆肯定你的工作成果，但升遷卻輪不到你，這是為什麼？或許是因為你在這個位置上，對他來說最好。」

　　Jack：「……這話又怎麼說？」

　　Gipi：「很多主管是不為部屬做職業規劃的，而是把一個信得過的人放在自己身邊，幫忙處理那些不放心交給別人的事情。剛剛我看了你的行事曆就可以看到，有5成以上的工作都在處理老闆交辦給你的事情，而那些事說實在的並不具備太強的專業性，也很難讓你學到東西。」

　　Jack：「做老闆交代的事又有什麼錯？」

　　Gipi：「或許就是這樣的想法，導致了你現在的局面。你都做老闆交代的事，但升遷輪不到你，因此產生了嚴重的迷惘。」

　　Jack：「那到底該怎麼做才對？」

　　Gipi：「其實你做的很多事我聽起來都是『對你老闆有

價值，但對你沒有價值』。比如幫你老闆準備週會報告的資料，幫他列席某個會議，這兩件事情，你覺得對自己有什麼實質價值嗎？」

Jack：「對我自己？嗯，說不上來，會是獲取老闆信任嗎？」

Gipi：「這不算，因為他不信任你就不會讓你幫他做這些，所謂的價值可以從三個層面來思考，第一，你是否有學到東西；第二，是否對你的工作成果有幫助；第三，是否與你的個人目標一致。上述兩件事我覺得是三無，沒學到、沒幫助、不一致。」

Jack：「我有點懂了，但他是我老闆，我又該怎麼做才好？」

Gipi：「最嚴重的問題就是你手上沒有其他更重要的事，因此你對老闆交辦的各項雜事都得照單全收，你應該先去爭取那些你想做，而且對公司、對部門也有價值的事，當你手上滿是這類工作時，老闆也不好意思安排你做太多雜事，而你也能投入在那些真正有價值且能成長的事情上。」

像Jack這樣的職場工作者，其實非常多，他們認真投入工作，克盡職守，但許多的機會總輪不到他們，工作缺乏目標感，生活中充滿了焦慮，最後我給了他幾個建議：

❶ 盤點一下手上的工作，針對每項工作都問自己這三個問題：

你是否有學到東西？

是否對你的工作成果有幫助？

是否與你的個人目標一致？

❷ 設定個人目標，從人際、生活紀律、生理、心理、財務、能力、工作成就、興趣等八個面向整理出最重要的目標。

❸ 將個人目標與目前手邊的工作結合，如果個人目標與工作目標是脫鉤的，意味著你在兩者間必須做取捨，若你能巧妙的將兩者結合，做一件事得兩個結果，自然會省力。

❹ 排妥每週的週行程，工作期間仍以完成工作任務為主，因此週一到週五0900至1800這段時間以工作為重，其他時間盡可能安排與個人目標有關的事項。

❺ 有意識地去梳理週行程，堅持每件事都要有價值，而非為做而做，並確保自己總是在做最有價值的那些事，對於那些沒有價值的事，想辦法排除或移轉，作法上可以參考前面我處理例行性會議的方法，以及我協助工廠主管排除例行巡視工作的方法。

❻ 拒絕無價值的工作，如果一件事經過判斷價值並不高，你應該拒絕，若你因為人情的關係不好意思拒絕，那比例也不宜太高，如果你的工作時間都拿來還人情，那誰來還你人情呢？不好意思拒絕將會是你最大的問題。

如果要把日常工作當成專案管，那就非得學著做好變更管理這件事，當你的週行程排好後，你要盡可能的確保行程

按著計畫執行，不能隨便讓他人插單，除非插進來的這件事價值更高，否則不該隨意更動原先的計畫。

而說服老闆不可隨意插單的關鍵便是你手上有另一件更重要的事正在執行，所以當週行程中放的都是相對重要，有價值的工作時，要插單便不是那麼容易的事。

❼ 每週五下班前復盤一下這週的執行狀況，並確認好下週的行程，一週一個迭代，有計畫地去展開每一週的工作，每季一個大目標，每週一個小目標，確保自己在正確的軌道上前行。

過大的目標不易堅持，投入太多時間都沒法看到成效時，一來容易放棄，二來無法修正方向。敏捷方法中的短週期交付，持續迭代讓我們頻繁的接收回饋，真正掌握自己的現況。接受不確定性不代表對它置之不理，而是在相對可控的時間區間內，盡可能將不確定性消除，並透過價值高低來處理那些突如其來的變更。這不僅僅是敏捷，而是一種符合當代的高績效工作方法。

04 持續追求更快、更好、更有價值

　　敏捷原則中，除了工作方法外，其實也談到許多關於組織管理與溝通的建議，其中一項就是自組織管理（Team self-management），隨著組織日漸成熟，若團隊成員的工作仍要由主管交辦、安排，遇到跨部門事務時要主管出面協調，那這個團隊就很難愈來愈敏捷。

　　自組織管理的終極追求是團隊能自己設定目標，自己決定成員，自己決定做什麼事，自行承擔結果，而要做到這些，我認為所有的成員都該具備成年人的能力與心態才可能做到，對於一個成年人，我認為最少要具備以下幾種心態。

解決問題比提出問題更重要

　　在團隊內，我一直要求大家不要只會提出問題，而是要解決問題，當跨部門合作時有灰色地帶的工作，產品經理或專案經理就先處理，待問題解決後再來討論由誰處理較好。原先公司內沒有人是從業務前線一路銜接到後勤的運營與服務，導致產品上市過程有許多的資訊lose掉，導致各部門認知有落差，進而影響了客戶，當下我就要產品經理負擔起這個責任，從前到後將所有問題聯繫好。

跟老闆之間溝通有問題，我就要大家去掌握上游資訊；與橫向部門之間溝通有問題，我就要大家學習上游思維。上游資訊與上游思維經過一次又一次的案例，大家便清楚，當發生問題時，永遠思考怎麼解決問題，而不是把問題丟給別人解決。

具備主人翁精神

在整個團隊中，我對 leader、專案經理、產品經理、資深員工的要求是顯著嚴格的，因為我認為這些人是榜樣，也是傳遞團隊價值觀跟文化的載體。所以讓他們認清他們該承擔的責任是非常關鍵的一件事。

有一次我在與一個專案經理溝通專案狀況，他告訴我他經過幾番折衝，終於讓業務部門與行銷部門願意配合專案進行，我仔細聽他陳述結論，過程我愈聽愈覺得不對勁，我直接打斷他。

我說：「因為業務部無法配合，所以你做了部分妥協，有些事情暫緩不做，而因為行銷部門有資源調度的困難，所以你決定另一部分也不做，所以本來要做 100 分的東西，妥協後只剩下 60 分，對嗎？」

他回答我說：「對啊，案子能推進比較重要不是嗎？」

我說：「這個思維有問題，只有 60 分的東西還要做嗎？你讓團隊 10 多人跟著你忙了大半個月，結果弄一個 60 分的東西出來，這像話嗎？」

所謂的負責，不是只把工作做完，而是要做好且做完，

100分的結果是我們這個專案的目標，溝通過程如果碰到問題，你應該是在不折損目標的狀況下去思考解決方案，而不是犧牲目標讓事情得以進行。

對成果負責，對團隊的價值負責，對自己的成長負責，這就是我所強調的主人翁心態。

追求又快、又好

曾有一次，有個QA leader告訴我某個專案的測試時間需要三週，我一聽覺得有點扯，因為開發時間一週，但測試卻要花三週，不太合理。我找上了這位QA leader，問他為何需要這麼長的測試時間。他攤開了測試案例告訴我，因為需要測試的案例高達2到300個，這些時間無法省。

我接受了他的說法，也接受了三週這個時間，但我緊接著跟他說：「下一次同樣的案例，我希望在2週，甚至更短的時間內解決。」

他馬上回我：「怎麼可能？要快，就會降低品質，兩者很難兼顧。」

我說：「我並沒有限制你方法，你可以用自動化測試看看，團隊自己學，或者對外招聘有經驗的人進來；如果你覺得是系統架構造成測試複雜度提高，那你可以跟工程師團隊討論如何調整架構；如果你覺得是產品設計有問題，那你可以找產品團隊討論。我甚至沒有說你不能跟項目經理溝通，可不可以先針對80%的用戶上線，有這麼多方法，為何都不去嘗試？」

經過這樣的啟發後，這名QA leader很快的組織了自動化測試團隊，也讓原先的測試人員開始學習自動化程式的撰寫，測試效率在半年間便有了很大的提升。

對於運維團隊，一開始大夜值班同仁一個晚上接到2到3通on-call電話，我說我們要在一個月內把頻率降低到一個晚上最多一通。我們在兩週的時間做到這件事，緊接著我說要把大夜的異常問題減少80%，我們在二個月左右的時間做到了。過去我們找到一個異常問題，平均需要15分鐘，我們要在三個月內縮短到3分鐘，我們在三個月內做到了。

當我們不斷的提出追求又快、又好的要求，並跟著團隊一起實現它，過程中團隊便會意識到這些事情原來是可能的，而且本來就應該這樣做，這個價值就會深植於大家內心。

 ## 追求更有價值

然而，價值才是我們最終追求的東西，如果我們做的事情沒有價值，那快與好的意義便失去了。所以在帶領團隊時，讓每位成員清楚自己工作的價值是很關鍵的一件事，因為如果一個人不清楚自己做的事能為自己、團隊、公司，甚至世界帶來些什麼，那他就不會對這件事具有熱忱。

如果你無法清楚說明你手邊每件事對公司帶來的價值，那你其實不應該做這件事。很多人之所以每天會有忙不完的事，是因為例行事務，是因為被別人交辦，但他們卻未曾思考，為何要做這些事？或者，除了這些事，難道沒有其他更值得做的事了嗎？

所以我們要培養團隊，在接收到每個任務時，一定都要提問或思考：

這件事是源自於公司哪個策略？
是解決哪個問題？
能改善哪個數字指標？
能改善多少呢？
很棒的事，別人不做，我們要不要自己來做？

這些問題看似尖銳，但確是關鍵中的關鍵，如果我們無法回答這些問題，你又依據什麼來判斷工作的優先順序呢？而為了讓團隊專注於更有價值的那些事，我們就要持續搬開那些阻礙我們前進的絆腳石。

當大家都明白，判斷價值，價值排序的重要性，也理解應該持續追求又快、又好，並勇於面對各種問題與挑戰，以主人翁心態，對結果、團隊、自己負責，高效的團隊文化便自然形成了。

過去幾年，團隊能產生大規模的組織、流程、制度的進步，背後都是因為團隊文化已經被建立，價值觀一致，否則光是要說服大家，並驅動數百人前進，難度其實非常非常高。

如果你正面臨團隊文化建立的問題，我建議你可以按這個步驟來進行：

❶ 企業的價值觀是什麼？而哪些行為符合這些價值觀？

❷ 你所帶領的團隊在這樣的價值觀下，你希望他們有什麼樣的思維與行為？

❸ 與你的下一線主管進行價值觀討論，確保大家對價值觀的認知是一致的。

❹ 不斷的在各種場合中，藉由案例來告訴大家你如何解讀這些價值觀。

❺ 持續的落實與檢討。

當我們能將所有的改善落實在每天的工作當中，每天進步1%，一整年下來個人與團隊都將脫胎換骨。

Conclusion · 結語

　　商業的知識千變萬化，且隨著科技的進步不斷的演進，我學習商管知識近20年，擔任企業經理人與管理顧問超過13年以上，但仍無法窮盡商業這門知識，但期望透過這本書將商業的基本知識傳遞出去，讓大家可以更快的對商業有些基本的認識。

　　商業思維這本書，我盡可能的濃縮了篇幅，但裡頭談到的知識與觀念非常值得大家細細品嘗。

　　數據力是企業經營與管理之本，不論你擔任什麼崗位，都要仔細的讀懂它，尤其是數據脈絡與數據應用，這將是你能否成為持續創造價值的關鍵能力。

　　運營力則是讓我們在流量紅利消失的年代，了解企業安身立命的核心在於有效的獲取客戶與留住客戶，未來所有企業都在爭搶兩個資源，其中一個是人才，另一個就是客戶，理解客戶運營的核心工作，將有助於做好服務。

　　策略力是多數企業雇員比較陌生的一個環節，本書中我用策略規劃的幾個重要步驟結合OKR目標管理工具，讓大家知道企業是如何規劃策略並落地成行動方案的，而掌握策略產生的脈絡，你才知道你每天所做的工作價值為何。唯有

知道為何而戰的員工，戰力才會增10倍強。

敏捷力的短週期、頻繁交付、迭代、價值先決與更快、更好、更有價值的工作原則，引導我們不斷的思考更有效的解決方案，逐步精進而不躁進，一樣的概念運用在個人的工作管理與人生規劃上，也非常有效。

讀完本書，只是一個開始，在各種不同的場景中將書中的觀念用上，並持續精進自己的商業知識，若有任何疑問，都歡迎各位隨時到FB或medium上與我討論，謝謝大家。

Medium：Gipi的新管理思維

FB：Gipi的商業思維

 商業要素必須圍繞著的商業運作：

DHV0302

商業思維BUSINESS THINKING： 職涯躍進的唯一解！一次搞懂企業如何高效運轉！

作　　者—游舒帆
主　　編—林潔欣
企劃主任—葉蘭芳
封面設計—李佳隆
內文設計—李宜芝

董 事 長— 趙政岷
出 版 者—時報文化出版企業股份有限公司
　　　　　108019台北市和平西路3段240號3樓
　　　　　發行專線—（02）2306-6842
　　　　　讀者服務專線— 0800-231-705（02）2304-7103
　　　　　讀者服務傳真—（02）2304-6858
　　　　　郵撥— 19344724時報文化出版公司
　　　　　信箱— 10899臺北華江橋郵局第99信箱
時報悅讀網—http://www.readingtimes.com.tw
法律顧問—理律法律事務所 陳長文律師、李念祖律師
印　　刷—勁達印刷股份有限公司
初版一刷—2019年1月18日
初版十二刷—2023年6月9日
定　　價—新臺幣360元

時報文化出版公司成立於一九七五年，
並於一九九九年股票上櫃公開發行，於二〇〇八年脫離中時集團非屬旺中，
以「尊重智慧與創意的文化事業」為信念。

商業思維 BUSINESS THINKING / 游舒帆　著. -- 初版. -- 臺北市：
　　時報文化, 2019.01　面；　公分

ISBN 978-957-13-7661-5　（平裝）

1.企業經營

494.1　　　　　　　　　　　　　　　107022294

ISBN：978-957-13-7661-5
Printed in Taiwan